彩图4-4　中育7号甜橙果实（周育彬摄）

彩图4-5　中育7号甜橙结果性状

彩图4-6　开陈72-1锦橙果实（邹俊渝提供）

彩图 4−7　开陈 72−1 锦橙结果性状

彩图 4−8　铜水 72−1 锦橙果实

彩图4−9　铜水 72−1 锦橙结果性状

彩图4–10　渝津橙(原江津 78–1 锦橙）果实

彩图 4–11　渝津橙(原江津 78–1 锦橙)结果性状

彩图 4–12　447 锦橙果实

彩图4-13　447锦橙结果性状

彩图4-14　梨橙果实

彩图4-15　梨橙结果性状

彩图 4-16　晚锦橙结果性状

彩图 4-17　兴山 101 号
锦橙果实（邹俊渝提供）

彩图 4-18　兴山 101 号
锦橙结果性状

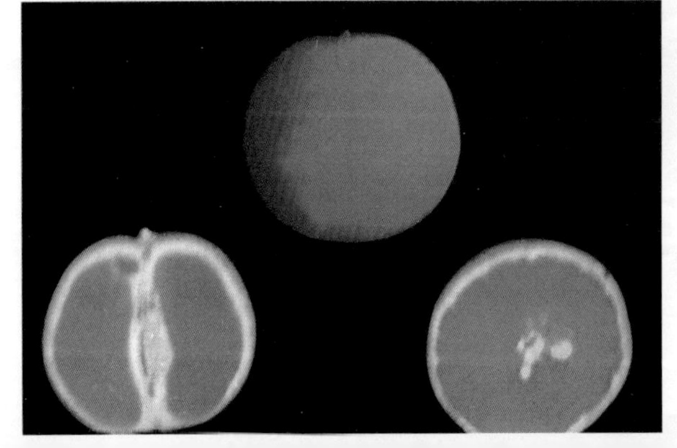

彩图 4-19　先锋橙果实（引自
《中国柑橘良种彩色图谱》）

彩图 4-20　先锋橙结果性状

彩图 4-21　伏令夏橙结果性状

彩图 4-22　奥灵达夏橙果实

彩图 4-23　奥灵达夏橙结果性状

彩图4-24　康倍尔夏橙结果性状

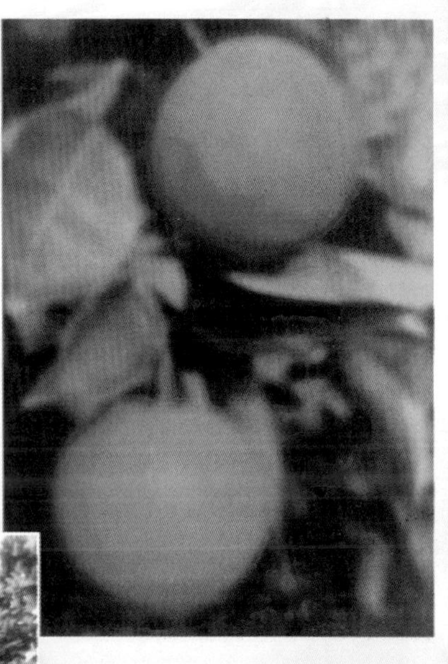

彩图4-25　卡特夏橙结果性状（引自《中国柑橘良种彩色图谱》）

彩图4-26　福罗斯特夏橙结果性状

彩图4-27　德尔塔夏橙结果性状

彩图 4–28　蜜奈夏橙结果性状

彩图 4–29　哈姆林甜橙果实

彩图 4–30　哈姆林甜橙结果性状

彩图 4–31　雪柑果实（邹俊渝提供）

彩图 4-32　雪柑结果性状

彩图 4-33　无核（或少核）雪柑果实

彩图 4-34　零号雪柑果实（引自《广东柑橘图谱》）

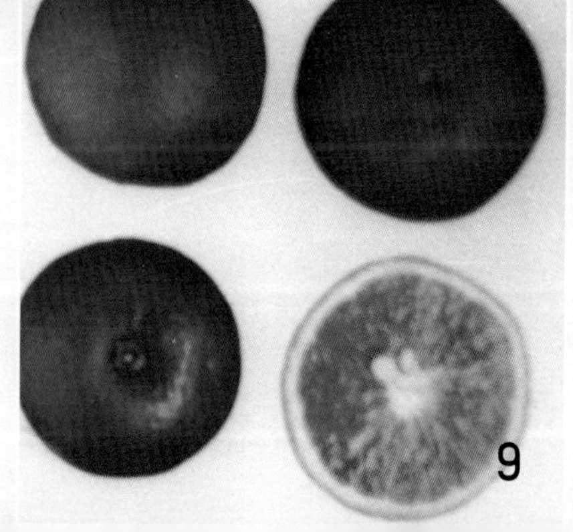

彩图4-35　大红甜橙果实（引自《中国柑橘良种彩色图谱》）

彩图 4-36　改良橙果实（郭天池提供）

彩图4-37　红江橙果实

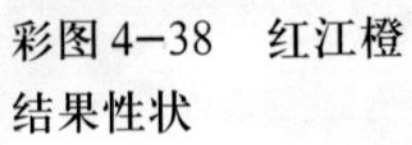

彩图 4-38　红江橙结果性状

二、无酸甜橙良种

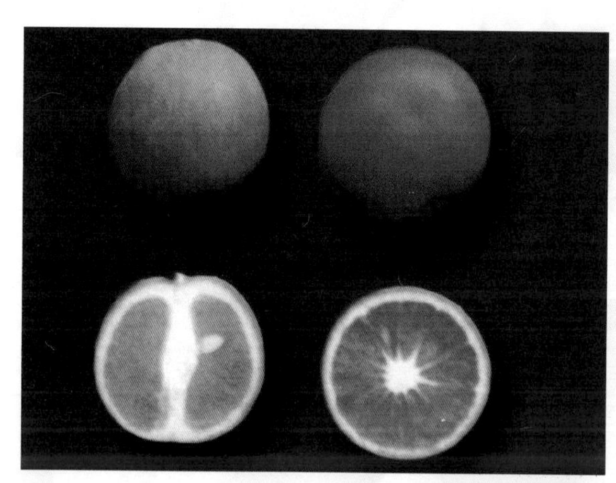

彩图 4-39　暗柳橙果实（引自《中国柑橘良种彩色图谱》）

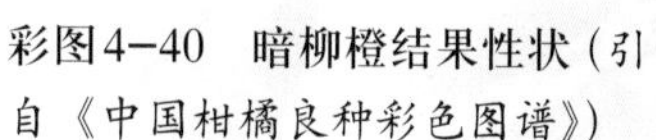

彩图4-40　暗柳橙结果性状（引自《中国柑橘良种彩色图谱》）

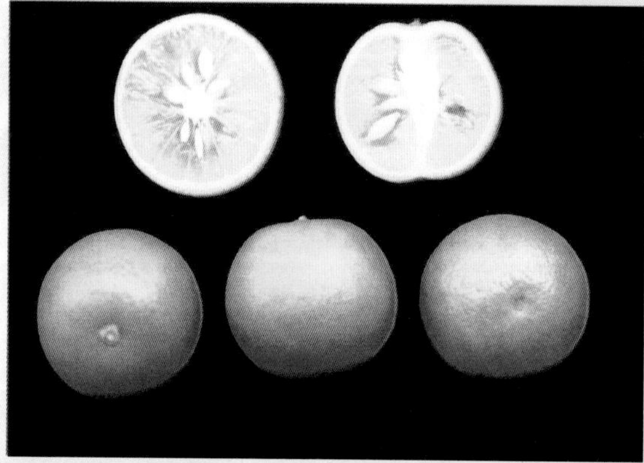

彩图4-41　丰彩暗柳橙果实（引自《广东柑橘图谱》）

彩图 4-42　丰彩暗柳橙结果性状（引自《广东柑橘图谱》）

彩图4-43　无籽丰彩暗柳橙果实（引自《广东柑橘图谱》）

彩图4-44　无籽丰彩暗柳橙结果性状（引自《广东柑橘图谱》）

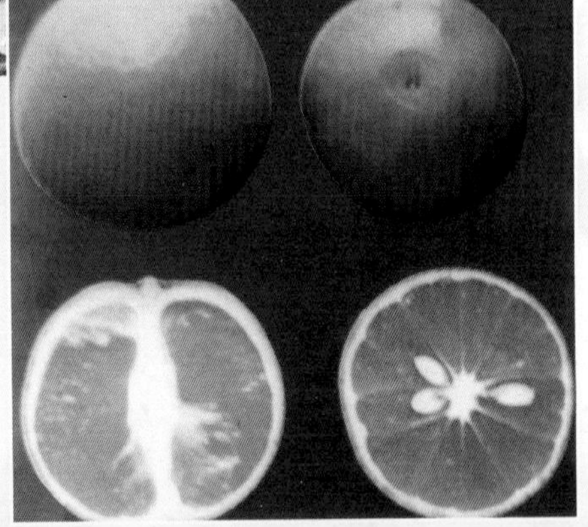

彩图 4-45　新会橙果实（引自《中国柑橘良种彩色图谱》）

彩图 4-46　新会橙结果性状

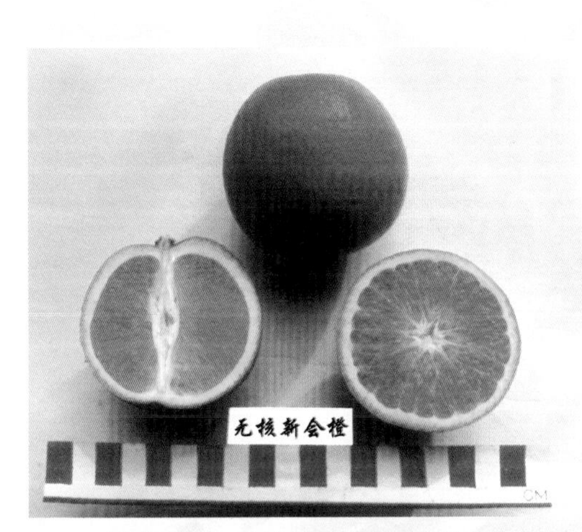

彩图4-47　无核(或少核)新会橙果实
(郭天池提供)

彩图 4-48　无核(或少核)
新会橙结果性状

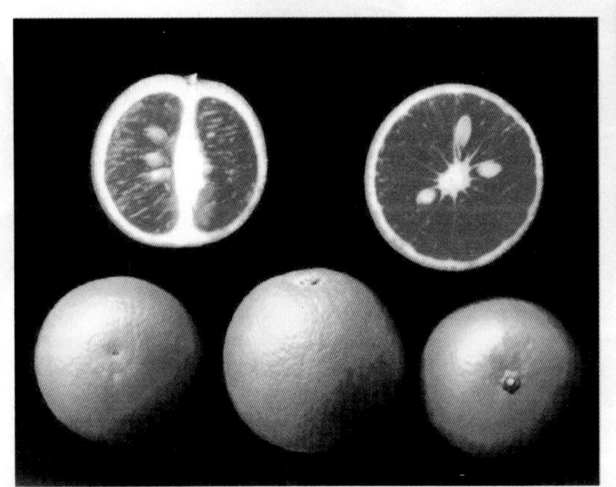

彩图 4-49　早蜜橙果实（引自《广东柑橘图谱》）

彩图4-50　早蜜橙结果性状
(引自《广东柑橘图谱》)

彩图4-51　冰糖橙果实

彩图4-52　冰糖橙结果性状

彩图4-53　早冰橙果实

三、脐橙良种

彩图4-54　华盛顿脐橙果实

彩图4-55　华盛顿脐橙结果性状

彩图 4-56　罗伯逊脐橙果实

彩图4-57　罗伯逊脐橙结果性状

彩图 4-58　汤姆逊脐橙结果性状

彩图 4-59　朋娜脐橙果实

彩图 4-60　朋娜脐橙结果性状

彩图 4-61　纽荷尔脐橙果实

彩图4-62　纽荷尔脐橙结果性状

彩图4-63　林娜脐橙果实

彩图4-64　林娜脐橙结果性状

彩图 4–65　丰脐果实

彩图4–66　丰脐结果性状
（杨明提供）

彩图 4–67　福罗斯特脐橙果实

彩图4–68　清家脐橙果实
（邹俊渝提供）

彩图4-69　清家脐橙结果性状

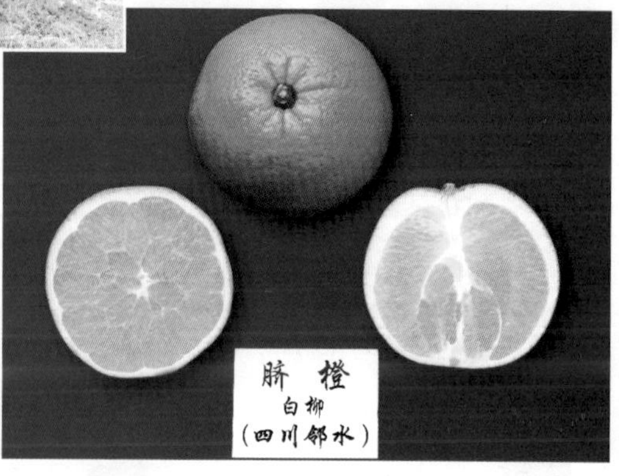

彩图4-70　白柳脐橙果实
（邹俊渝提供）

彩图4-71　白柳脐橙结果性状

彩图4-72　大三岛脐橙果实

彩图4-73　大三岛脐橙结果性状

彩图4-74　丹下脐橙果实

彩图4-75　奉园72-1脐橙果实

彩图 4-76　奉园 72-1 脐橙结果性状

彩图 4-77　眉山 9 号脐橙果实

彩图 4-78　眉山 9 号脐橙果园

彩图 4−79　罗伯逊 35 号脐橙果实

彩图 4−80　罗伯逊 35 号脐橙结果性状

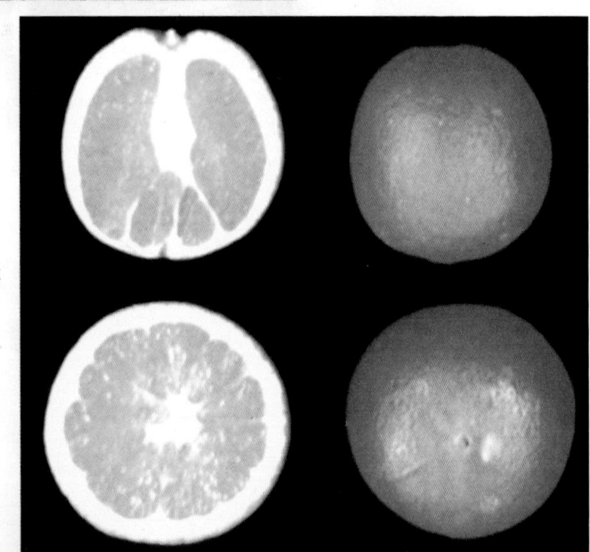

彩图4−81　福本脐橙果实

彩图 4-82 福本脐橙结果性状

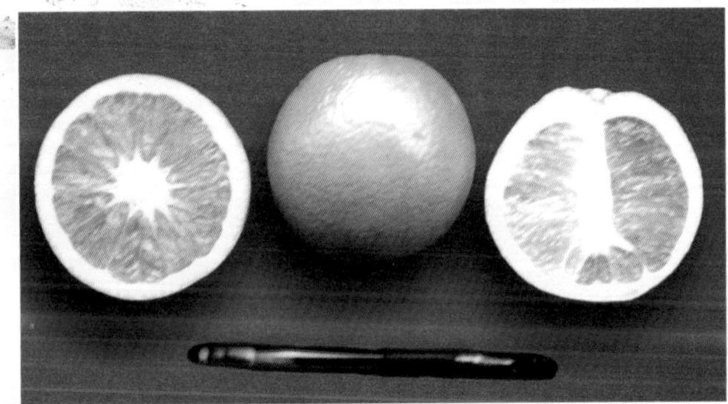

彩图4-83 红肉脐橙果实

彩图 4-84 红肉脐橙结果性状

彩图 4-85 晚棱脐橙结果性状

四、血橙良种

彩图4-86　塔罗科血橙果实

彩图4-87　塔罗科血橙结果性状

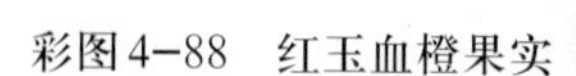

彩图4-88　红玉血橙果实

彩图4-89　红玉血橙结果性状

彩图4-90　摩洛血橙果实

彩图4-91　摩洛血橙结果性状

彩图4-92　桑吉耐洛血橙结果性状

彩图4-93　马尔他斯血橙果实

彩图 4-94　马尔他斯血橙结果性状

彩图 4-95　靖县血橙果实

彩图 4-96　脐血橙果实

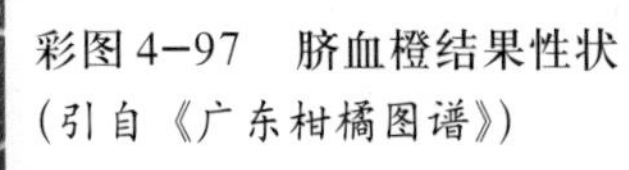

彩图 4-97　脐血橙结果性状
(引自《广东柑橘图谱》)

柚类与葡萄柚良种

一、柚类良种

彩图 5-1　沙田柚果实

彩图 5-2　沙田柚结果性状

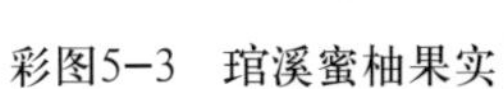

彩图5-3　琯溪蜜柚果实

彩图5-4　琯溪蜜柚结果性状

彩图5-5　玉环柚果实

彩图5-6　玉环柚结果性状

彩图5-7　垫江白柚果实

彩图5-8　垫江白柚结果性状（谢明权提供）

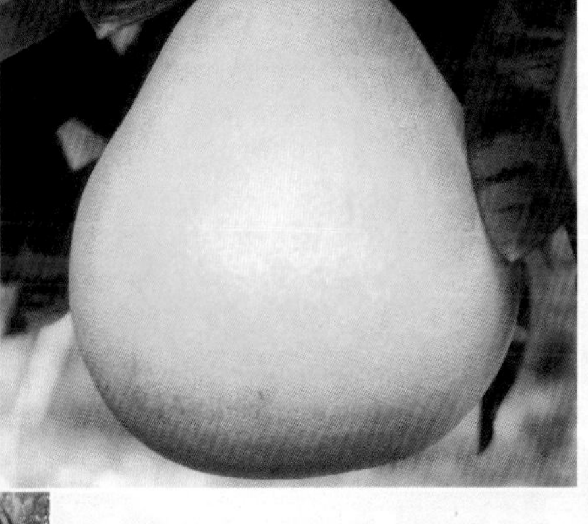

彩图5-9　通贤柚果实

彩图5-10　通贤柚结果性状

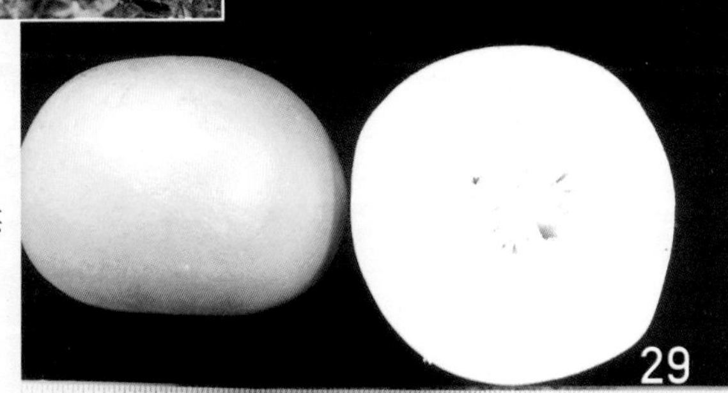

彩图5-11　梁平柚果实

彩图 5-12　梁平柚结果性状
(梁平县农业局园艺站提供)

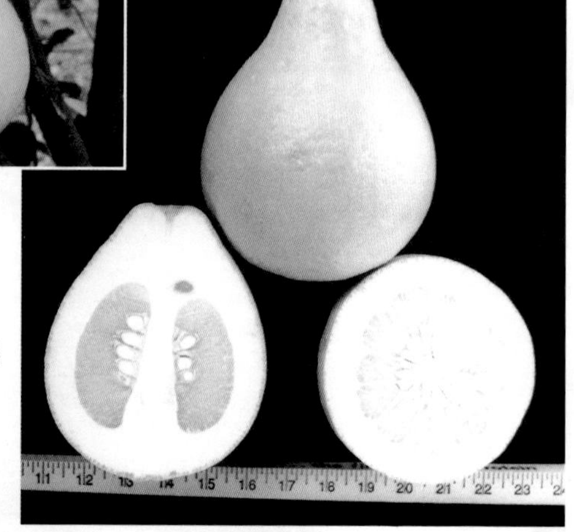

彩图5-13　长寿沙田柚果实

彩图 5-14　五布柚果实

彩图5-15　四季抛果实

彩图 5-16　四季抛结果性状
(引自《广东柑橘图谱》)

彩图 5-17　永嘉早香柚果实

彩图 5-18　永嘉早香柚结果性状
(引自《中国南方果树》1997，增刊)

彩图5-19　强德勒红心柚果实

彩图5-20　强德勒红心柚结果性状

彩图 5-21　江永早香柚果实

彩图 5-22　龙都早香柚果实

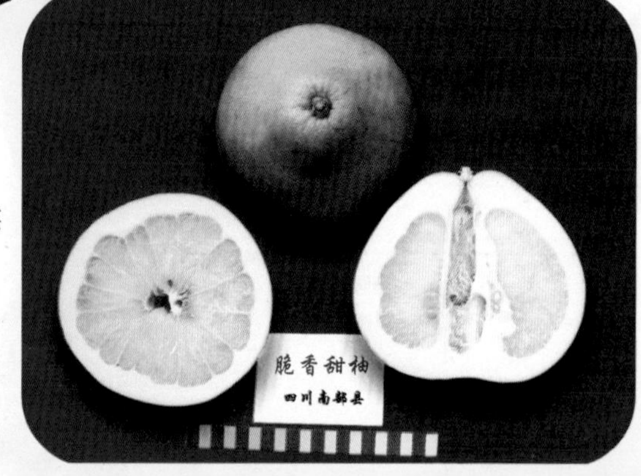

彩图 5-23　脆香甜柚果实（邹俊渝提供）

彩图 5-24　麻豆柚果实

彩图 5-25　特早熟蜜柚果实（引自《广东柑橘图谱》）

彩图5-26　特早熟蜜柚结果性状（引自《广东柑橘图谱》）

彩图5-27　晚白柚果实

彩图 5−28　晚白柚结果性状

彩图5−29　三元红心柚果实

彩图5−30　矮晚柚果实

彩图 5−31　矮晚柚结果性状

彩图5-32 常山胡柚果实

彩图5-33 常山胡柚结果性状(引自《中国南方果树》2000年增刊)

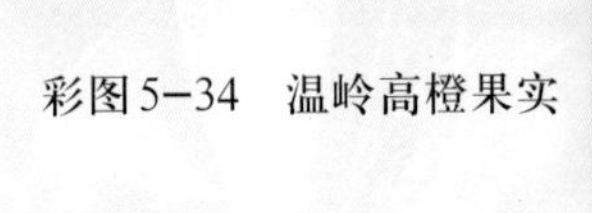

彩图5-34 温岭高橙果实

彩图5-35 温岭高橙结果性状

二、葡萄柚类良种

彩图5-36　马叙葡萄柚果实（引自《中国柑橘良种彩色图谱》）

彩图5-37　马叙葡萄柚结果性状

彩图5-38　邓肯葡萄柚果实（引自《中国柑橘良种彩色图谱》）

彩图5-39　邓肯葡萄柚结果性状

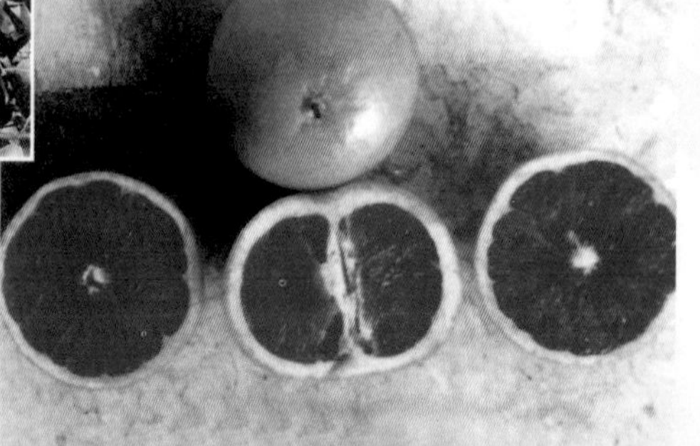

彩图5-40　星路比葡萄柚果实

柠檬与金柑良种

一、柠檬良种

彩图6-1　尤力克柠檬果实

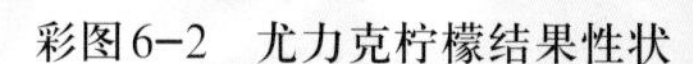

彩图6-2　尤力克柠檬结果性状

彩图6-3　里斯本柠檬果实

彩图6-4　维拉弗兰卡柠檬果实

彩图6-5　费米耐劳柠檬果实

彩图6-6　北京柠檬果实

彩图6-7　巴柑檬果实

彩图 6–8　墨西哥来檬果实

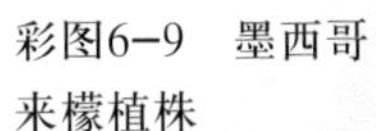

彩图6–9　墨西哥来檬植株

彩图 6–10　佛手结果性状及其果实形状

二、金柑良种

彩图6–11　金弹果实（郭天池提供）

彩图6–12　金弹结果性状

6–13　圆金柑果实（邹俊渝提供）

6–14　罗浮金柑结果性状

柑橘砧木良种

彩图 7–1　枳的果实

彩图 7–2　枳的枝、叶、果实及种子

彩图 7–3　枳的结果性状

彩图7–4　特洛亚枳橙果实

彩图 7–5　枳橙苗及其根系

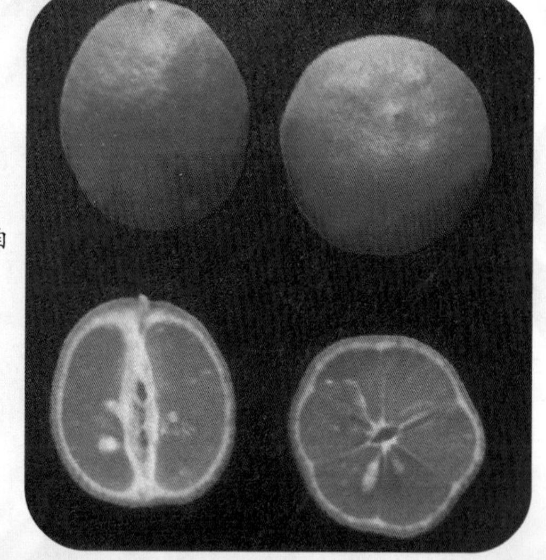

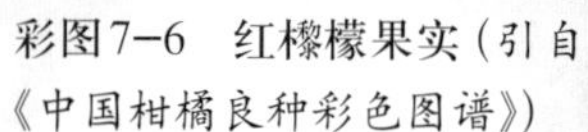

彩图7–6　红檬檬果实（引自《中国柑橘良种彩色图谱》）

柑橘砧木良种

彩图 7–1　枳的果实

彩图 7–2　枳的枝、叶、果实及种子

彩图 7–3　枳的结果性状

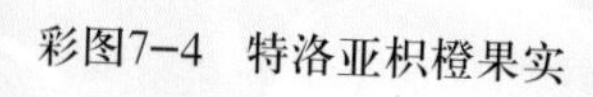
彩图7–4 特洛亚枳橙果实

彩图 7–5 枳橙苗及其根系

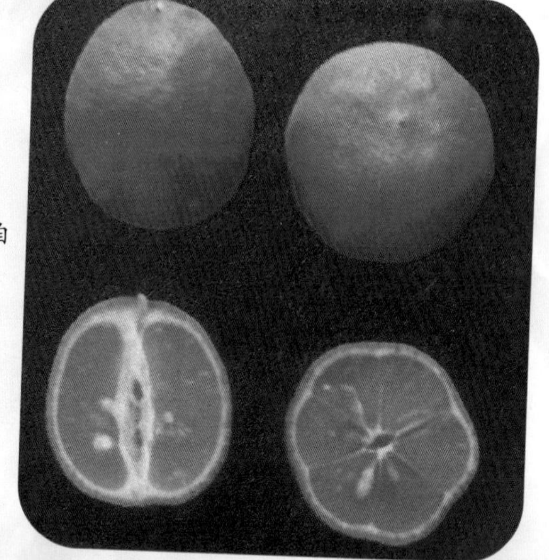

彩图7–6 红檬檬果实（引自《中国柑橘良种彩色图谱》）

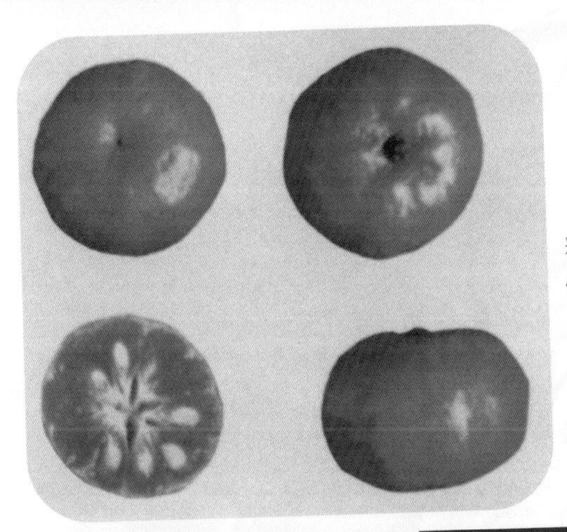

彩图7-7　黄皮酸橘果实（引自《中国柑橘良种彩色图谱》）

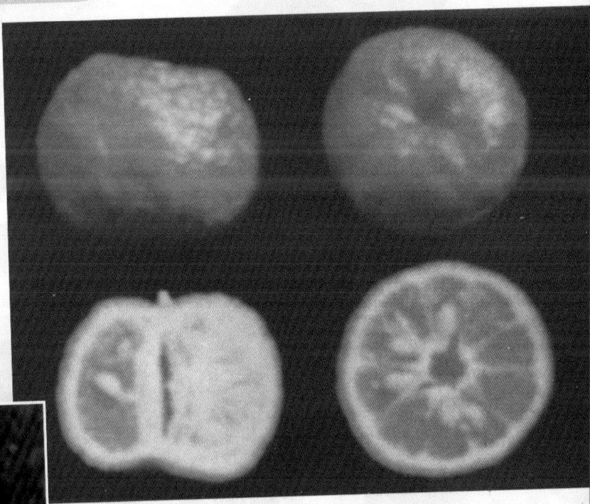

彩图7-8　香橙果实（引自《中国柑橘良种彩色图谱》）

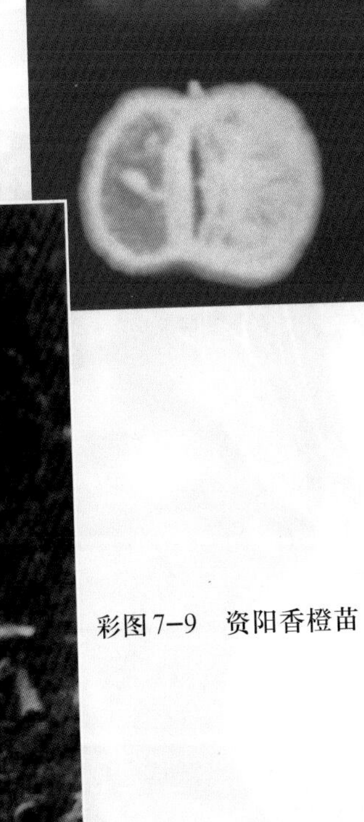

彩图7-9　资阳香橙苗

彩图 7-10　枳（左）、红橘、资阳香橙（右）苗期植株

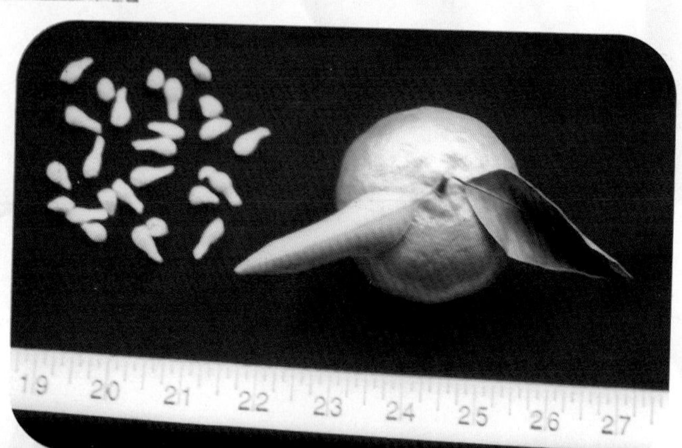

彩图 7-11　红橘果实及种子

彩图7-12　酸柚果实及种子

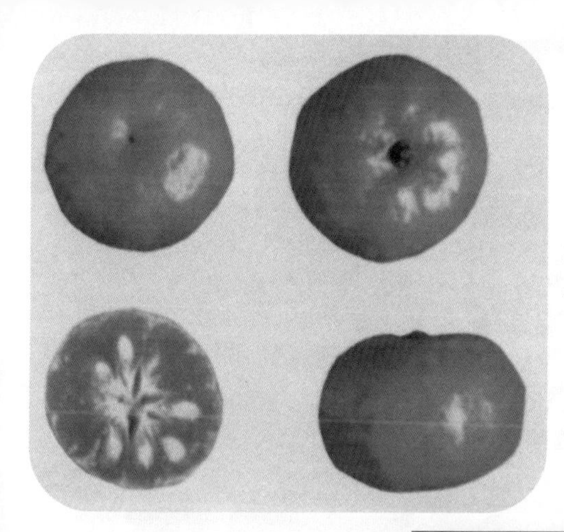

彩图7-7　黄皮酸橘果实（引自《中国柑橘良种彩色图谱》）

彩图7-8　香橙果实（引自《中国柑橘良种彩色图谱》）

彩图7-9　资阳香橙苗

彩图 7-10　枳（左）、红橘、资阳香橙（右）苗期植株

彩图 7-11　红橘果实及种子

彩图7-12　酸柚果实及种子

果树良种引种丛书

甜橙 柚 柠檬
良种引种指导

TIANCHENG YOU NINGMENG
LIANGZHONG YINZHONG ZHIDAO

沈兆敏 编著

金盾出版社

内 容 提 要

本书由中国农业科学院柑橘研究所原所长、第九届国际柑橘学会执行委员沈兆敏研究员编著。书中在阐明柑橘良种引种意义、原则和方法的基础上，按照品种来历、特征特性、适应性及适栽区、栽培技术要点和供种单位等项内容，着重介绍了甜橙、柚、柠檬和金柑等类的113个优良品种与品系，以及15个砧木良种，并附有反映这些良种优良性状的彩色照片166幅。同时，还介绍了可以提供甜橙、柚、柠檬和金柑等类良种的15个科研单位和33个苗场(站)与公司(中心)。全书内容系统，品种丰富，技术先进，实用性、可操作性强，是认识、选择、寻引和栽培柑橘良种的重要技术指南。

图书在版编目(CIP)数据

甜橙柚柠檬良种引种指导/沈兆敏编著.—北京:金盾出版社,2003.10 (果树良种引种丛书)
ISBN 978 7-5082-2658-3

Ⅰ.甜… Ⅱ.沈… Ⅲ.柑橘类果树-引种 Ⅳ.S666.022

中国版本图书馆CIP数据核字(2003)第082045号

金盾出版社出版、总发行
北京太平路5号(地铁万寿路站往南)
邮政编码:100036 电话:68214039 83219215
传真:68276683 网址:www.jdcbs.cn
彩色印刷:北京百花彩印有限公司
黑白印刷:北京天宇星印刷厂
装订:东杨庄装订厂
各地新华书店经销
开本:850×1168 1/32 印张:8.875 彩页:44 字数:192千字
2009年8月第1版第3次印刷
印数:12001—13000册 定价:18.00元

果树良种引种丛书编辑委员会

序言

我国是第一果品生产大国，2002年果树栽培面积和果品总产量分别达到909.8万公顷和6952.0万吨。然而，果品质量却不尽人意，优果率低和品种结构不合理的问题较为突出。在国际果品贸易中，我国果品占有率仅为1%左右。因此，优化品种结构、提高果品质量和发展国际果品市场急需的名优新品种，已成为我国当前果业生产的主攻目标。

生产优质高档果品的前提，是引种栽培优良品种和采用无病虫的合格苗木，同时全面推广良种、良砧配套与先进的无公害栽培管理技术。前者是基础，后者是保障，二者缺一不可。为此，金盾出版社策划出版“果树良种引种丛书”，邀请中国农业科学院果树研究所、中国农业科学院柑橘研究所、中国农业科学院郑州果树研究所、中国科学院植物研究所、山西省农业科学院、广东省农业科学院、福建农林大学等单位长期从事果树育种和良种推广工作的果树专家，分15分册，介绍了25种果树优良品种的来源、特征特性、生产性能、引种范围、引种原则和方法及主要栽培技术要点。所推介品种优新，有市场前景，并提供了信誉高的供苗单位信息和实用引种技术等。为了便于广大果农引种和避免上当受骗，“丛书”还对各种果树良种苗木的标准作了介绍。“丛书”内容新颖，图片逼真，文字简练，可操作性强，便于学习和使用。

我相信这套“丛书”的出版发行，将在推广优良品种和提高我国无公害果品质量的进程中，发挥积极作用，为提高我国果业生产效益，帮助广大果农致富达“小康”，做出贡献。

2003年8月

前言

我国是柑橘的重要原产国之一，为世界柑橘业的发展做出了卓越的贡献。我国柑橘业在经历了发展、减慢、又快速发展的漫长历程后，目前正处在加速品种结构调优、品种调新，积极应对加入世界贸易组织后所面临的经贸挑战，参与国际竞争的关键时期。

正值此时，应金盾出版社之邀，由我和同事一起编著《甜橙、柚、柠檬良种引种指导》一书，足见其意义非比寻常。众所周知，良种优质丰产，良种适地适栽，可取得好的效益，良种结出的优质果实广受消费者的青睐，搞好良种引种工作，具有非常重要的作用。

良种的选育绝非易事。培育一个柑橘新品种，要经历十年、几十年，甚至几代人，这还算是幸运的。要不然，所需要的时间会更长。而引种是使新品种得以发展的最便捷途径。正因如此，引种便成为了品种结构调优的首选。值得强调的是，引种要科学，要规范。要引当地适栽、市场需求的优新品种，并经试种观察，确实能表现其优质丰产固有特性的品种(品系)，然后才能推广种植。严禁无检疫性病虫害区到有检疫性病虫害区引种。新品种因其新，而为种植者所喜爱；老品种若其优，有市场，也不能丢。对于新老优良品种，应该是“喜新不厌旧”。

《甜橙、柚、柠檬良种引种指导》全书正文共七章，并有反映柑橘优良品种(品系)的果实形态和结果性状,以及优良砧木等方面的彩色照片165幅,还附录了可提供甜橙、柚、柠檬良种的主要科研单位和苗木场(站)与公司(中心)。书中所介绍的品种(品系),既有近十多年来推出的,也有虽然栽培时间较长,但仍然富有特色的优良品种。这些优良品种,均可供各地选择和栽培。

《甜橙、柚、柠檬良种引种指导》的编著,尽管资料的收集、积累有数年之久,编写过程中又得到同行的大力支持,但仍会有疏漏和不妥之处,敬请同仁和读者不吝指正。

编著者　沈兆敏

2003年3月于重庆

目录

第三章　甜橙、柚、柠檬良种引种的原理、原则和方法

第四章　甜橙良种引种

第五章　柚类和葡萄柚类良种引种

第六章　柠檬与金柑良种引种

第七章 甜橙、柚、柠檬砧木良种引种

附录　供苗单位及其供种情况

第一章 良种引种在柑橘生产中的重要性

柑橘是热带、亚热带的常绿果树(除枳以外),性喜温暖湿润环境。属芸香科柑橘亚科。用于经济栽培的有枳属、金柑属和柑橘属3个属。我国和世界其他柑橘生产国栽培的主要是柑橘属。

我国是柑橘果树的重要原产地之一,资源丰富,良种(品系)繁多,栽培历史长达4000多年,对世界柑橘业的发展做出了卓越的贡献。据考证,直到1471年,橘、柑、橙等主要柑橘类果树,才从我国传入葡萄牙的里斯本栽培,1665年才传入美国的佛罗里达州。

柑橘果实色、香、味兼优,既可鲜食,又可加工成以果汁为主的各种加工制品,广受消费者的青睐。柑橘营养丰富。据中央卫生研究院分析,每100克的可食部分中,含维生素B_2(核黄素)0.05毫克,维生素B_3(尼克酸)0.3毫克,无机盐0.4克,钙26毫克,磷15毫克,铁0.2毫克,热量221.9焦耳;柑橘中的胡萝卜素(维生素A原)含量仅次于杏,比其他的水果都高;柑橘含多种维生素,如维生素C、维生素B_1、维生素B_2和维生素P等,其中以维生素C、维生素P的含量最丰富。此外,还含有镁、硫、钠、氯和硅等元素。

柑橘果树长寿,丰产,稳产,经济效益高,是我国南方果树的主要树种。

中华人民共和国成立以来,柑橘生产有了很大的发展。1949年,我国柑橘种植面积为3.2667万公顷(49万亩),产量为21万吨。到2001年,柑橘种植面积达到132.3733万公顷(1985.6万亩),产量达1160.7万吨。在这52年间,柑橘种植面积和产量分别增长了39.5倍和54.3倍。目前,我国的柑橘种植面积居世界首位，产量仅次于巴西（2 400 万吨左右）和美国（1 600 万吨左右），居世界第三位。

我国柑橘生产的高速发展，固然有诸多原因，但引种的成功是其中一个重要的原因。

一、柑橘产销现状及发展趋势

为了选择合适的甜橙、柚、柠檬等柑橘品种，生产适销对路的甜橙、柚、柠檬等柑橘果品，了解世界和中国的柑橘的产销情况和发展趋势，是十分必要的。这是进行引种的基本前提和依据。

（一）世界柑橘产销现状及发展趋势

我国加入世贸组织后，世界柑橘的产销现状和发展趋势，更受国人所关注。现就世界柑橘总量、结构、贸易、产业特点和发展趋势等方面作一论述和分析。

1. 柑橘总量

柑橘在世界百果中，其面积和产量均居首位，柑橘汁（主要是橙汁）占世界水果汁的 60% ~ 70%。全球 135 个国家（或地区）生产柑橘，有 40 多个国家（地区）主产柑橘。柑橘年贸易额为 65 亿美元，仅次于小麦（160 亿美元）和玉米（100 亿美元），居世界农产品贸易额的第三位。

2000 年，世界柑橘种植面积为 714.8933 万公顷（10 723.4 万亩），其中中国为 144 万公顷（2 160 万亩），居第一位。同年，世界柑橘产量为 10 282.2 万吨，居前三位的国家依次为：巴西 2 425.3 万吨，美国 1 633.5 万吨，中国 1 109.8 万吨。

2. 柑橘结构

柑橘果树分布在南、北纬 40°地域，有大水体增温的地带还可向北推移，五大洲都有柑橘种植，全世界有 135 个国家和地区有柑橘生产。

柑橘作为商品，主要有四大类，即甜橙、宽皮柑橘、柠檬和来檬、柚和葡萄柚。金柑和某些杂种等列入其他类柑橘。甜橙产量最多（年产量为 6 621.2 万吨），占柑橘总产量（10 282.2 万吨）的 64.4%；其次是宽皮柑橘（1 797.9 万吨），占 17.5%；柠檬和来檬（933.5 万吨），占 9.1%；柚和葡萄柚（507.2 万吨），占 4.3%；其他柑橘（422.4 万吨），占 4.1%。柑橘产量最多的国家数巴西（年产量为 2 425.3 万吨），占世界柑橘总产量的 23.6%；其次是美国（1 633.5万吨），占 15.9%；第三位是中国（1 109.8 万吨），占 10.8%。甜橙最多的数巴西（2 298.7 万吨），占世界甜橙产量的 34.7%；第二位是美国（1 257.1 万吨），占 19.0%；第三位是墨西哥（400.5 万吨），占 6.1%；中国的甜橙年产量为 280.4 万吨，可排第四位。就宽皮柑橘的产量来说，最多的数中国（721.8 万吨），占世界宽皮柑橘总产量的 40.1%；第二位是西班牙（173.7 万吨），占 9.7%；第三位是日本（155.3 万吨），占 8.6%；第四位是阿尔及利亚（110.9 万吨），占 6.2%。产柠檬和来檬最多的数墨西哥（109.1 万吨），占 11.7%；第二位是伊朗（100 万吨）和印度（100 万吨），各占 10.7%。产柚和葡萄柚最多的数美国（238.2 万吨），占 47%；第二位是古巴（42 万吨），占 8.3%；第三位是以色列（36.4 万吨），占 7.2%。

世界用于栽培的柑橘品种（品系）有 1 000 个以上。其中主要栽培的品种（品系），有甜橙类的夏橙、脐橙、血橙、哈姆林甜橙、帕森勃朗甜橙、凤梨甜橙、锦橙和暗柳橙等；有柠檬的尤力克和里斯本等，来檬的墨西哥来檬；有葡萄柚的马叙和邓肯等；有柚类的沙田柚、文旦柚和晚白柚等。甜橙中产量居首的是夏橙（1 000万吨以上），其次是脐橙（840 万吨），再次是哈姆林甜橙和血橙，产量各约 500 万吨；柠檬中的尤力克柠檬等，产量 300 万吨，来檬中的墨西哥来檬,产量约100万吨。马叙、邓肯等葡萄柚产量约300万吨。

世界柑橘的砧木也有几十个,其中最主要的砧木是枳、枳橙和酸橙等。

3. 柑橘贸易

2000年,世界出口柑橘鲜果972.8万吨,其中甜橙473.1万吨,宽皮柑橘241.2万吨,柠檬和来檬156.9万吨,葡萄柚101.6万吨。柑橘出口最多的国家是西班牙(322.1万吨),第二位是美国(104.6万吨)。甜橙出口最多的国家是西班牙(143万吨),第二位是南非(60.8万吨),第三位是美国(51.6万吨)。宽皮柑橘出口量第一位是西班牙(131.7万吨),第二位是摩洛哥(27.1万吨),第三位是中国(15万吨)。柠檬和来檬出口最多的是西班牙(45.5万吨),第二位是墨西哥(26.4万吨),第三位是阿尔及利亚(20.5万吨)。葡萄柚出口最多的是美国(39.3万吨),第二位是南非(13.2万吨),第三位是以色列(11.5万吨)。

2000年,世界柑橘的进口量为900.4万吨,其中甜橙431万吨,宽皮柑橘233.3万吨,柠檬和来檬130.5万吨,葡萄柚105.6万吨。进口柑橘最多的国家是德国(117.3万吨),第二位是法国(96.4万吨),第三位是英国(68.5万吨)。进口甜橙最多的是德国(56万吨)。进口宽皮柑橘最多的是德国(38.2万吨)。进口柠檬和来檬最多的国家是美国(17.8万吨),第二位是德国(14.6万吨),第三位是法国(11.9万吨)。进口葡萄柚最多的是日本(26.2万吨),第二位是挪威(13.6万吨),第三位是法国(11.8万吨)。

4. 柑橘产业特点

(1)目标市场化 世界柑橘主产国,柑橘生产的目标非常明确,瞄准国内外市场的需求,即市场需要什么,就生产什么。如美国生产柑橘最多的佛罗里达州,主栽伏令夏橙、哈姆林甜橙、凤梨甜橙和葡萄柚等，其生产目标是市场需求的柑橘汁，而加利福尼亚州则主栽脐橙和柠檬，生产目标是市场需求的鲜柑橘。

(2)生产专业化 柑橘生产都以最适宜的生态区为基础，进行专业化生产。美国的50个州中，柑橘集中分布在佛罗里达等4个州。韩国柑橘生产集中在济州岛的南部，其方式是进行专业化生产。

(3)经营产业化 柑橘经营产业化，实行农工贸一体化，产贮加销一条龙。果农参加合作社或协会，协会组织实施产贮加销一条龙。如美国新奇士脐橙抢滩中国市场，就是在加州果农协会合作社及其实体——新奇士公司一手策划、运作成功的产销一条龙模式。

(4)管理优质化 根据生产过程，从产前的品种、苗木选育，产中的栽培，到产后的果实商品化处理，都应进行优质化管理。从而使种植的品种性状优良、纯正，苗木健壮无病毒。栽培管理围绕优质、稳产这个中心，从种植密度、树体整形修剪和科学施肥，到农药残留量的最低程度控制，普遍实行无公害栽培。收获的果实，根据不同的需要，按成熟度分批采收。对于产后鲜销的果实，还要进行洗涤、打蜡、分级和包装的商品化处理。管理的优质化，使柑橘果品品质优良，商品性好，市场销路通畅。

(5)设施现代化 世界柑橘主产国家，十分重视果园的基本建设，多数柑橘园设施达到了现代化。在这些橘园内，柑橘树下装有微喷灌溉系统，可根据树体需要进行灌溉，也可结合施肥；果园道路与主干道连结成网；机械化程度高，除苗木嫁接、鲜销果采收用人工作业外，其他均可通过机械化作业完成；果实产后采用先进的商品化处理设施。设施的现代化，促进了柑橘业的成本降低和效益提高。

5. 柑橘产业发展趋势

世界柑橘业总的发展趋势是：总产量不断增加，但增速会减缓;橙汁消费比鲜果消费增长快,将促进全球橙汁业的发展;易剥皮的宽皮柑橘,尤其是杂柑类会有较快的发展;价格基本稳定。

(1)总产量增加,增速减缓 预测全球柑橘产量将继续增加,增产主要来自中国、印度、古巴和其他一些发展中国家。在21世纪最初10年,发达国家甜橙年均增长0.6%,发展中国家年均增长超过0.8%;宽皮柑橘的增速超过甜橙。巴西和美国的柑橘产量仍处于世界领先地位。

(2)橙汁消费较鲜果消费增长快 柑橘生产发展到一定程度,必然促进柑橘加工业,尤其是橙汁加工业的发展。目前,橙汁产量占果汁产量的60%~70%,世界近40%的柑橘用于加工(主要是橙汁)。由于橙汁的消费量增加,目前世界人均消费橙汁已达2.5千克,美国人均消费25千克。20世纪80年代末,非浓缩汁(NFC)一兴起,就广受消费者的青睐。橙汁消费量的增加,使鲜柑橘消费增长趋缓。20世纪60年代,鲜柑橘消费年增长7%,到20世纪90年代,鲜柑橘消费年均增长低于2%。

中国橙汁基地(重庆、四川等)的建设和消费者对橙汁的需求(目前人均消费0.1千克),将影响世界橙汁生产的增长速度。从20世纪末起,不少世界柑橘厂商看好亚洲,特别是中国的柑橘市场,并非没有道理。

(3)柑橘价格会基本稳定 过去的10多年,美国和巴西柑橘的树上价(不包括采果费),巴西加工甜橙为0.42元/千克(人民币),美国加工甜橙为0.82元/千克;美国鲜食甜橙为1.76元/千克,宽皮柑橘为3.72元/千克。不论是巴西和美国,还是地中海沿岸产柑橘各国,从近年柑橘的零售价也可看出柑橘价格基本稳定。如美国柑橘的零售价基本稳定在:脐橙5.8元/千克,夏橙11.8元/千克,葡萄柚3.2元/千克,柠檬9.4元/千克。美国柑橘的树上价十分便宜,到商场后的零售价则增加许多倍,其原因之一是果实采收费用占生产成本的38.8%。

(二)我国柑橘产销现状及发展趋势

我国加入 WTO 后,使原来就竞争激烈的国内外柑橘市场,竞争更为激烈。分析柑橘生产现状,找准差距,把握发展趋势,是增强我国甜橙、柚、柠檬竞争力的良策。

1. 产销现状

(1)面积和产量 最近,我国农业部发布的 2001 年我国水果面积和产量的数据表明,我国现有水果(含瓜类)种植面积 920.44 万公顷,水果产量为 11 436.16 万吨,其中,柑橘的面积和产量分别为 132.367 万公顷和 1 160.69 万吨,分别占水果面积和产量的 14.38%和 10.15%。从全国生产柑橘的 19 个省(自治区、市,台湾省未列入)的情况来看,产量第一位的是福建,面积第一位的是湖南,平均单产[亩(667 平方米)产]最高的是上海(表 1-1)。

表 1-1 2001 年我国柑橘生产省(自治区、市)柑橘面积、产量和平均单产[亩(667m²)产]情况 (单位:kha,t,kg)

省(市、自治区)	面 积	产 量	平均亩(667m²)产
上 海	4.40(14)	137484(10)	2083.09(1)
江 苏	3.47(15)	54824(13)	1053.30(3)
浙 江	123.90(5)	1638080(2)	881.40(4)
安 徽	2.55(17)	9424(17)	246.38(16)
福 建	164.60(2)	1809935(1)	1099.60(2)
江 西	154.50(4)	433796(9)	187.18(18)
河 南	4.70(13)	21780(15)	308.94(14)
湖 北	90.50(8)	1071729(7)	779.44(7)
湖 南	253.52(1)	1588368(3)	417.68(11)
广 东	94.33(7)	1134889(6)	802.07(6)

续表 1-1

省(市、自治区)	面　积	产　量	平均亩(667m²)产
广　西	115.70(6)	1320678(5)	760.98(8)
海　南	2.57(16)	14865(16)	385.60(12)
重　庆	68.80(9)	598853(8)	580.28(10)
四　川	163.80(3)	1497749(4)	609.58(9)
贵　州	33.40(10)	127929(11)	247.36(15)
云　南	21.60(11)	102289(12)	315.71(13)
西　藏	—	—	—
陕　西	13.53(12)	41655(14)	205.25(17)
甘　肃	0.20(18)	2588(18)	862.67(5)
全　国	1323.70	11606915	584.57

* 括号内的阿拉伯数字为排列名次

(2)各类柑橘产量及其比例　作为商品的宽皮柑橘、甜橙、柚、柠檬和金柑等,2001 年我国的产量分别为 874.95 万吨,135.20 万吨,138.16 万吨和 12.38 万吨,各占柑橘产量的 75.38%,11.65%,11.90%和 1.07%。2001 年各省(自治区、市)各类柑橘产量及其占柑橘的比例见表 1-2。

表 1-2　2001 年我国及柑橘生产各省(自治区、市)宽皮柑橘、甜橙和柚的生产情况　(单位:t,%)

省(市、自治区)	柑橘产量	宽皮柑橘		甜　橙		柚	
		产　量	占柑橘的比例	产　量	占柑橘的比例	产　量	占柑橘的比例
上　海	137484	137484	100.00	—	—	—	—
江　苏	54824	54824	100.00	—	—	—	—
浙　江	1638080	1449116	88.46	16087	0.98	124368	7.59

续表 1-2

省(市、自治区)	柑橘产量	宽皮柑橘		甜 橙		柚	
		产 量	占柑橘的比例	产 量	占柑橘的比例	产 量	占柑橘的比例
安 徽	9424	9361	99.33	6	0.06	1	0.01
福 建	1809935	1288938	71.22	116385	6.43	388965	21.49
江 西	433796	352561	81.27	47435	10.94	11507	2.65
河 南	21780	21780	100.00	—	—	—	—
湖 北	1071729	968849	90.40	97868	9.13	2120	0.02
湖 南	1588368	1407949	88.64	133554	8.41	46865	2.94
广 东	1134889	630216	55.53	111465	9.82	393208	34.65
广 西	1320678	861547	65.23	210081	15.90	249050	18.86
海 南	14865	9229	62.09	5304	35.68	332	2.23
重 庆	598853	373730	62.41	169954	28.38	47591	7.95
四 川	1497749	942940	62.96	430111	28.72	107044	7.14
贵 州	127929	111836	87.42	7232	5.65	3791	2.96
云 南	102289	86609	84.67	5752	5.62	5709	5.58
西 藏	—	—	—	—	—	—	—
陕 西	41655	39840	95.64	726	1.74	1089	2.61
甘 肃	2588	2588	100.00	—	—	—	—
全 国	11606915	8749497	75.38	1351970	11.65	1381640	11.90

(3)主栽品种 至20世纪末,我国甜橙、柚、柠檬和金柑主栽的品种如下:甜橙有脐橙的罗伯生、华盛顿、朋娜、纽荷尔、丰脐和清家等;普通甜橙有锦橙、暗柳橙、新会橙、红江橙、雪柑、伏令夏橙、冰糖橙、大红甜橙、红玉血橙和塔罗科血橙;柚类的沙田柚、文旦柚、琯溪蜜柚和垫江柚等;以及尤力克柠檬和金弹等。

(4)区域布局 20世纪80年代初，中国农业科学院柑橘研究所对我国甜橙和以温州蜜柑为代表的宽皮柑橘进行了全国和省（自治区、市）的生态区划。在柑橘研究所取得成果的指导下，我国甜橙的70%、宽皮柑橘的75%和柚类的80%，均种植在生态最适宜区和适宜区。为参与国际竞争，柑橘研究所最近又进行了我国柑橘优势带的规划和建设的研究，这必将进一步促进柑橘业质量和效益的提高。

(5)种植规模 我国柑橘的种植规模多数小而分散，单家单户经营。种植面积多数是几分地到几亩地，少数有几十亩、几百亩的。原先国营或集体的柑橘场，多数因体制变化原因而分树分园承包到户。区域种植，有相对集中成片的，但更多的是比较分散的园地。

(6)贮藏保鲜 采后贮藏保鲜，是我国柑橘季产年销和果农增收的重要手段。但是，随着柑橘早、中、晚熟品种熟期的搭配，柑橘总产量的增加和消费者对鲜果新鲜度要求的提高，当前柑橘采后保鲜便成了解决集中销售价低，甚至滞销的一种主要手段。20世纪80年代末前，我国柑橘贮藏保鲜量占柑橘总产量的30%左右，而目前还不到25%。

(7)商品化处理 对柑橘鲜销果实，进行洗涤、打蜡、分级和包装的商品化处理，可提高果实的商品性。国外主产国的柑橘鲜销果，几乎百分之百地作商品化处理。我国柑橘商品化处理起步晚，推广慢，虽有浙江等省率先应用，但直到目前，经商品化处理的柑橘还不足3%。为使我国鲜销柑橘在国内外市场增强竞争力，应加大实施柑橘商品化处理的力度。

(8)加工及综合利用 柑橘加工及综合利用，是延长产业链，增加产值，促进柑橘生产发展的重要手段。我国的柑橘加工业，长期以来注重于蜜饯、罐头生产。而果汁（橙汁）生产，在20世纪70～80年代起步后，因诸多原因而发展缓慢，原汁产量不足1万吨。用于加工的柑橘量,至今也只占柑橘总产量的5%,而且主要是以温州蜜柑为原料的糖水橘瓣罐头。柑橘加工后副产品的综合利用,虽然进行了甜味剂、果胶、香精油和皮渣饲料等的试验和试制,但多数也尚未进行规模生产。

(9)市场营销 柑橘果实采后经商品化处理,即进入最后一个环节——市场营销。市场营销既关系到消费者的利益,又与柑橘业发展、果农增收密不可分。我国柑橘的市场营销,目前正处在转型的过渡时期,计划经济时代以供销社为主体的体制已明显削弱,以社会主义市场经济为导向的大市场、大流通机制正在建设和完善。为了解决卖柑橘难,和果农无组织的进入市场营销,势单力薄,收益甚微的问题,建立批发市场,将分散的果农以行业协会、专业合作社的形式组织起来,使他们有秩序地参与竞争,是今后我国柑橘市场营销发展的方向。

(10)经济效益 获得好的经济效益,是柑橘种植者和营销者的主要目标。对种植者而言,经济效益的大小,取决于柑橘的生产成本、单产和柑橘的卖价。我国柑橘生产成本,因不同区域和单产而异。一般最适生态区的柑橘生产成本为20%~25%,适宜生态区的柑橘生产成本25%~30%。单产高,通常成本比例会下降。我国柑橘的价格(比较价格)经历了高价(价格高于柑橘自身的价值)、稳中有降到平价(价格与价值相近)的变化。近几年,常出现歉年价升、丰年价跌的现象,但从总体看,目前柑橘的价格,只要单产适中(667平方米产量1000千克左右),仍具有较好的效益。

2. 与国际柑橘业的差距

我国已加入WTO,不论是柑橘生产的优势还是柑橘生产的差距,都应置于国际柑橘市场的同一平台上进行分析比较。气候适宜,适种柑橘的地域广阔,优良品种(品系)众多,劳力丰富,市场广阔等,都是我国柑橘业的优势。但与此同时,存在的差距也十分突出。这些差距主要如下:

(1)平均单产低 我国柑橘平均每667平方米(1亩)产量为500千克,只有美国平均亩产2000千克以上的1/4,世界平均亩产965千克的1/2。

(2)品质不够高 我国柑橘良种丰富。近十多年来,国家及省(自治区、市)重视优质柑橘和名牌果品评比,有力地推动了柑橘品质的提升。但与世界主产国家相比,鲜销果的外观逊色,内质不一致,导致价格低下。1999年,各国各类柑橘在我国香港口岸的平均价格情况是:美国、澳大利亚和南非所产的甜橙每千克分别为7.16港元,5.75港元和5.75港元;我国大陆所产的甜橙每千克为3.88港元。澳大利亚和阿根廷所产的宽皮柑橘每千克分别为10.95港元和6.96港元;我国所产的宽皮橘每千克只有3.95港元,仅为澳大利亚宽皮橘平均价格的36%。我国出口的柑橘不仅价格低,而且不少柑橘上不了货架,只能在地摊上卖。

此外,历次评出的优质、名牌柑橘,有的评后缺乏开发力度,只有样品果、礼品果,没有商品果,产生不了好的经济效益。

(3)规模不集中 我国柑橘的种植规模多数小而分散。各家各户经营,没有规模,更不成产业。原先国营、集体的柑橘场,多数因体制变动原因也分树分园到户承包。小而分散的经营模式,与当前大市场、大流通、大竞争的形势极不适应,严重制约了我国柑橘业的发展。

(4)产业不成链 柑橘是产前、产中、产后结合,农、工、商一体的产业。世界柑橘主产国家,不仅抓产前和产中,而且更注重延长产后的产业链。通过柑橘的商品化处理、贮藏保鲜、营销和加工,延长产业链和增加产值。我国柑橘以初级产品为主要产品,与之相比差距大,既产值低,又不能带动相关行业的发展。

(5)技术素质低 柑橘种植者的技术状况参差不齐,从总体上看素质偏低。因此,直接影响柑橘的优质丰产和经济效益。

3. 发展趋势

我国农业部根据柑橘生产现状和国内外市场的需求，在不同时期提出了柑橘发展所坚持的“一稳二调三提高”(稳定面积，调整品种、调整区域布局，提高单产、提高品质、提高效益)和“三品一降”(品种、品质、品牌，降低成本)的指导原则，为我国柑橘生产发展指明了方向。我国柑橘业在今后的5～10年内，以下方面会有大的变化：

(1)面积增长趋缓，产量继续增加 我国柑橘种植面积居世界之首，柑橘的单位面积产量居世界第六十三位。现有约133.3333万公顷(2000万亩)柑橘，即使不增加面积，平均每667平方米产量达1000千克(世界平均每667平方米产量为965千克)，柑橘总产量即可达2000万吨。从竞争角度考虑，我国柑橘总产量增加的关键，是提高单位面积产量。5～10年后，如果平均每667平方米产量达不到1000～1500千克，就无法在柑橘市场的竞争中立足，柑橘生产的比较优势就会丧失。

(2)柑橘加工业会在竞争中发展 世界柑橘主产国看好中国的柑橘市场，尤其是橙汁市场。我国有适宜加工橙汁的品种和适栽地。目前，重庆、四川等省(市)已大力地建设橙汁原料基地，发展橙汁加工业。

(3)调优品种结构和区域布局 世界甜橙、宽皮柑橘、葡萄柚和柚、柠檬和来檬等四大类柑橘的比例为68:17:9:6，多数国家(地区)以生产甜橙为主。我国是世界上少数几个以生产宽皮柑橘为主的国家。根据生产现状、生态条件和比较优势，我国柑橘定位应坚持宽皮柑橘为主，甜橙次之，柚类再次。考虑到橙汁的发展，适合加工橙汁的甜橙比例应加大，宽皮柑橘、甜橙、柚和其他柑橘的比例调优为50:40:9:1为宜。为使周年鲜柑橘应市，早、中、晚熟品种应合理搭配，压缩中熟品种，增加早、晚熟品种，将早、中、晚熟品种比例由目前的15:80:5，经约10年的努力，调整为20:50:30。

鲜销和加工的比例,应由目前的95:5调优为70:30。

品种的具体定位,各产区应根据当地的生态条件和市场需求来确定,力求扬长避短,切忌盲目跟风。作为鲜销建议,发展甜橙中的脐橙,如纽荷尔、林娜、清家、福本、红肉脐橙、丰脐和晚熟的晚棱脐橙(Lanelate)等;少核或无核锦橙,如中育7号甜橙和北碚447等;血橙,如塔罗科等;夏橙,如康倍尔、奥灵达、卡特、德尔塔和蜜奈等;以及有特色的地方优良品种,如大红甜橙、冰糖橙和红江橙等。以及有特色的地方品种,如常山胡柚、温岭高橙等。发展柚类中的玉环柚、琯溪蜜柚、强德勒、沙田柚、晚白柚及其优系矮晚柚等。柠檬需求量在增加,可考虑发展。它既可鲜销,又可加工。加工橙汁品种,既要与国际接轨,又要发挥国内品种优势,做到早、中、晚熟品种配套。早熟品种以哈姆林甜橙为主,中熟品种以锦橙为主,晚熟品种以伏令夏橙为主。早、中、晚熟的比例为1.5:2.5:3,使加工厂在一年中有7个月的加工期。

关于区域布局,应加大力度调优,实施品种良种化、良种区域化、生产规模化。我国柑橘种植地域广,但从"天时、地利、人和"三者综合评价,我国柑橘的优势区域如下:四川宜宾至重庆万州段长江中上游橙汁品种优势区;重庆万州以东至湖北宜昌南津关以西长江中上游、江西赣州、湖南西部和南部脐橙优势区;浙江东部、南部,湖北宜昌南津关以东和湖南罐藏温州蜜柑优势区;浙江东部、南部,福建东南部,广东东南部,广西北部、湖南南部椪柑、柚的优势区。

对于优势区域发展优势品种,国家及省(自治区、市)应予以重点扶持,地方应抓住良机,依靠科技,尊重农民意愿,加大开发力度,将区域优势和良种优势,转变为经济优势,走富民、强县、兴企业的道路。

(4)启动质量提升工程 提升柑橘质量应贯穿于柑橘业产前、产中、产后的全过程。目前,针对我国柑橘业存在的问题和世界柑橘业的发展趋势，无公害柑橘生产技术、提高柑橘品质栽培技术和产后鲜销柑橘商品化处理技术，是提高柑橘业整体素质的重点。

柑橘无公害生产技术，农业部已颁布《无公害食品柑橘》的标准(NY5014—2001)于2001年10月1日起执行。目前，国家及各省(自治区、市)对无公害柑橘生产十分重视，抓住环境、生产过程中的无污染和产后防止再污染的环节，使柑橘的无公害生产有了良好的开端。果农生产无公害柑橘意识的增强，技术人员加强指导，无公害柑橘生产标准的严格执行和市场准入制度的出台，有力地推动了无公害柑橘生产的发展，同时也为绿色柑橘生产、有机柑橘生产打下了良好的基础。

柑橘高品质栽培技术，要贯穿于柑橘生产的全过程，在“肥、疏、防、熟”的环节上下功夫。多施生物有机肥、复合肥和科学的配方施肥；对郁闭园和密植园进行疏株、疏枝，大力改善光照条件，实行疏花疏果技术或先保后疏技术，提高优质果率；实施生物防治为主的柑橘病虫害综合防治技术，防止柑橘检疫性病虫害和病毒、类病毒病害的传播；推行柑橘完熟栽培技术，在最适期采收。通过采取以上措施，使柑橘产品达到最佳的品质。

鲜销柑橘采后的商品化处理，应大力加强。通过对果实的洗涤、打蜡、分级和包装，使果实外观美，内质好，携带方便，俏销价升。柑橘的包装，要与国际接轨。外包装要求坚固耐压、轻便，品种、品牌、商标、计量、质量和产地标志清晰。包装箱外所示与箱内表里一致。包装材料既利于保护生态(不用木材)，又不污染环境(常用纸箱)。

(5)柑橘检疫和安全生产将进一步加强 加强柑橘的植物检疫，是确保柑橘安全生产的关键。国家及各省(自治区、市)的各级地方政府，将发挥国家和地方技术监督、检疫局的作用，加大执法力度，规范苗木和果品流通市场，防止检疫性柑橘病虫害的蔓延，确保柑橘的安全生产和持续发展。

(6)公司(基地)带农户等经营模式将加快发展 柑橘产业具有周期长,见效慢,投产后稳定受益期长,果园产量、质量与管理关系密切的特点。因此,不论是生产鲜销果或是加工原料,必须建立具有一定规模的优质柑橘基地,以公司为龙头,带动农户,农工商紧密联系,产加销一体化,形成公司(加工、销售)与果农利益共享、风险共担的运行机制,以适应大农业、大市场的需要。

目前推出的行业协会、专业合作社正在为广大果农乐意接受,前景看好。

(7)交易市场的信息体系将加速建设 我国加入WTO后,面向国内外柑橘市场需求,为农村、农业和农民服务的目标明确,柑橘果品交易市场和信息体系建设会大大加快。

交易市场宜建在产、销地的大、中城市,建成集贮存、包装和营销于一体的交易市场。

信息网络建设,除与农业部信息中心联网外,省级和地方农业网站要进行市场信息的传递和共享,为国内外柑橘的展示交易和进出口架设平台。

(8)科技投入和各类技术人才培训会进一步加强 柑橘产业的发展,质量的提升,效益的提高,都离不开科技和人才。加大对科技的资金投入,研究柑橘产业发展中出现的新问题,不断提供新品种、新技术、新成果,为产业发展服务。这是今后我国柑橘业一本万利之举。大力培训各类技术人员,加强和健全技术推广网、站,提高果农技术素质,将列入重要议程。先进的科学技术,高水平的技术队伍和高素质的果农,是我国柑橘业在激烈竞争中发展、取胜的根本保证。

立足中国,放眼世界,认清了中国和世界柑橘生产的大背景,就能在引种中,方向明确,有的放矢,做到既引中国所需品种,又引世界所需品种,既引现在热销品种,又引将来也具有生命力的品种。

二、良种引种的意义

柑橘良种引种的重要意义,就在于它是:

(一)品种改良的重要内容

柑橘品种改良的途径,包括“查、选、引、育”四个方面。

查:即对当地品种资源进行调查。包括对野生资源的调查。以发现有价值的品种资源,供研究、生产利用。

选:即选种。通过一定的方法和程序,发现在自然栽培条件下产生的优良变异。这是获得新品种(品系)简单有效的方法。

引:即引种。将一个优良品种从原有的分布区域,引入新的地区栽培,使之成为新地区的优良品种。

育:即育种。是人工创造新品种的方法。包括有性杂交育种、人工诱变育种等。柑橘育种的周期较长,通常需要 20~30 年才能育成一个新品种。

从以上四个方面来看,各有特点,都是不可缺少的。从引种来看,省工,省时,省费用,效应颇佳,是品种改良的重要内容。

(二)增加良种的便捷途径

引种与资源调查、品种选育相比,是品种改良最为便捷的途径。世界生产柑橘的国家(或地区),自古至今对此都十分重视。美国是世界柑橘生产的大国,柑橘产量曾在较长时间居世界之首,后因巴西靠它优越的气候条件和丰富的土地资源,大力发展柑橘,尤其是用于加工橙汁的甜橙,使柑橘产量位居世界之冠。美国种植柑橘的历史不长,柑橘的多数品种是从国外引入。19 世纪末,美国引进脐橙,促进了美国柑橘业的大发展。美国柑橘的抗寒育种走在世界同行的前列,但也是靠了从我国引去的宜昌橙、枳和长沙橘等种质,才培育出了许多抗寒柑橘杂种的。

1980年,笔者前往墨西哥考察柑橘。在考察品种时,发现墨西哥的柑橘几乎全是从国外引进的。墨西哥的同行告诉笔者:墨西哥很少搞育种,所有品种主要从美国引入,也从中国引入,如椪柑。墨西哥靠引种,既丰富了柑橘品种资源,又促进了柑橘产业的发展。目前,墨西哥的柑橘面积和产量均居世界第四位。

我国是柑橘果树重要的原产中心之一,品种资源十分丰富,良种繁多。但是,为了不断增加我国柑橘的品种资源,做到"洋为中用",不论是过去还是现在,我国都注意从美国、日本、西班牙、意大利等国引进柑橘的优良品种。如从美国引进华盛顿脐橙、罗伯逊脐橙、朋娜脐橙、纽荷尔脐橙和哈姆林甜橙。从日本引进早熟温州蜜柑宫川、兴津、龟井和立间等,特早熟温州蜜柑宫本、桥本、大浦、山川和市文等,脐橙的清家、大三岛和白柳等,以及杂柑类的不少品种。从意大利、西班牙引进奈弗林娜脐橙和塔罗科血橙等。所有这些引进的品种(品系),增加了我国柑橘良种资源,促进了我国柑橘业的发展。

(三)优化品种,促进生产的有效手段

甜橙、柚、柠檬的良种,具有一定的区域性和时间性。区域性是指良种的适应范围,甲地适栽的良种,不一定是乙地适栽的良种。反之也然。时间性是指良种也受时间的制约,即过去的良种,今天不一定是良种,目前的良种,将来不一定是良种。随着科学的发展,柑橘良种的不断推出,优新的品种取代相形见绌的品种是必然的。回顾我国柑橘生产发展中的品种变化,足见引种在优化品种,促进生产中的重要作用。

众所周知,新中国成立初期,柑橘的主栽品种,是甜橙中籽多味酸的普通(实生)甜橙,宽皮柑橘中的红橘及尾张温州蜜柑等。目前,柑橘品种结构发生了巨大的变化:甜橙,以引进的脐橙为主

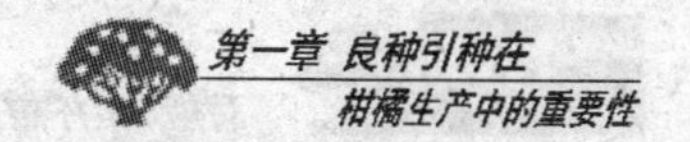

要的鲜食品种;加工橙汁,以引进的伏令夏橙及其优系、哈姆林甜橙为适宜加工的晚熟和早熟品种;引进的晚熟品种血橙恰逢春节前后上市,为消费者所青睐;尤力克柠檬等的引进和栽培,丰富了柑橘的花色品种和多种多样的加工制品。

引种与其他柑橘品种改良的途径一样,优化了我国柑橘品种和柑橘品种结构,成熟期比例趋向合理:优新的柑橘品种(品系)增加,早熟(含特早熟)品种、晚熟(次年成熟)品种增加,中熟(11~12月份成熟)品种减少,早、中、晚熟的比例由原来的10:88:2,变为15:80:5。这对我国柑橘在国内外市场上竞争力的增强和持续发展,意义深远。

(四)增加农民(果农)收入的重要保证

20世纪80年代中后期以前,我国柑橘总产量不多,柑橘果品供不应求。只要是柑橘,不论品种优劣和质量好坏,都能卖钱。1989年,我国柑橘开始出现滞销。比如在湖北宜昌,出现温州蜜柑出卖难的现象。从此以后,柑橘产量继续增加,卖柑橘难的现象年复一年地存在。柑橘丰产不丰收,成为各级领导和果农十分关注的问题。

我国加入世贸组织,对柑橘发展带来了机遇,但是更带来了挑战,使原本竞争激烈的柑橘市场,竞争将更趋激烈。为了在竞争中能取胜,能获得好的经济收入,广大果农自觉地要求调整和优化品种结构,种植优新品种,用优新品种进行高接换种,代替市场不需要的劣质品种。在柑橘品种结构调整中,果农从外地引进本地适栽的品种,既保持了柑橘种植,又增加了果农收入。优质脐橙、血橙的引进种植和发展,使果农收入倍增。总之,农民种甜橙、柚、柠檬要想增收,就要根据市场需求信息,不断引进种植本地适宜的名、优、新品种(品系),做到"人无我有,人有我多,人多我转"。积极引进甜橙、柚、柠檬的新优品种,并通过试种观察,筛选出在当地

能表现优质丰产固有特性的适宜品种进行种植和发展。对于原有的品种,要去劣留优,并且注意提纯选优,优中选优,以求不断提高柑橘种植业的经济效益。

第二章　甜橙、柚、柠檬良种的标准及其苗木的鉴定与识别

掌握甜橙、柚、柠檬良种的标准，正确地鉴定和识别良种的苗木，是确保引种成功的保证。

一、甜橙、柚、柠檬良种的标准

何谓甜橙、柚、柠檬良种？甜橙、柚、柠檬良种，即甜橙、柚、柠檬的优良品种（品系）。根据其用途的不同；主要分为鲜食和加工用两大类。

鲜食甜橙、柚、柠檬的优良品种，简单通俗地说，其标准就是要具备"四好"，即好看、好吃、好种和好贮运。"好看"，指果实的外观，是消费者的第一感觉，外观好看才有可能吸引消费者购买。"好吃"，对消费者而言是最重要的因素，只好看，不好吃，"金玉其外，败絮其内"，就没有回头客。"好种"，是果农关心的问题，品种再好，难以种植，就无法获得经济效益。"好贮运"，为消费者和生产者所共同关心，买了果实不能存放，消费者不满意；生产出的果实运不到市场，不耐贮藏，产品变不成商品，就无法转化成钱，生产者当然也不愿意。达到了这"四好"标准的甜橙、柚和柠檬的优良品种，就会受到广大果农和消费者的欢迎，其种植也就会产生良好的经济效益。

用作加工的甜橙、柚、柠檬，因加工制品的不同，其良种的要求也不同。

鲜食和加工用甜橙、柚、柠檬的良种标准，具体如下：

(一)栽培品种的标准

1. 鲜食用品种

(1)品质优良 果实的品质,包括外观(形)和内质两个方面,具体来说,主要是指以下几个方面:

①果实大小、形状和果皮的色泽、厚薄及油胞粗细等 果实的大小因品种不同而异。如脐橙和柚类,一般果实较大的品质好。总的说,果实的外形要求是:形状端庄,大小适中,色泽鲜艳,为橙色或橙红色(或品种的固有色泽),油胞细,果皮光滑,有光泽。

②果实的风味、香气和营养成分 果肉的风味,由糖、酸、氨基酸、水溶性果胶、无机化合物以及微量的抗坏血酸(维生素 C)、配糖体和精油等成分所决定。通常所说的可溶性固形物,就是上述所有物质的总称。糖主要由蔗糖、葡萄糖和果糖组成,合称“全糖”。糖以还原能力有无来衡量,又分为非还原糖和还原糖。蔗糖为非还原糖,葡萄糖、果糖为还原糖。三种糖占全糖的比例大小顺序为:以蔗糖为最多,其次是果糖和葡萄糖。甜度以果糖为最甜,其次是蔗糖,再次是葡萄糖。酸主要是柠檬酸,其次是苹果酸。果实发育初期,以苹果酸为主,以后柠檬酸的生成和积累非常快,到果实成熟时,柠檬酸占总酸量的75%以上,而苹果酸不足20%,柠檬酸和苹果酸占总酸量的95%以上,5%以下是微量的酒石酸、草酸和琥珀酸等。游离的氨基酸是甜橙汁中可溶性固形物的重要组成部分。氨基酸种类很多,有天冬氨酸、丝氨酸、脯氨酸和谷氨酸等数十种。果实的香气,是果实成熟后生成的高级醇、酯、醛、酮和挥发性有机酸等物质所产生的。如血橙具有玫瑰香味,凤梨甜橙具有凤梨香味等。甜橙、柚、柠檬营养丰富。如维生素 C 的含量,甜橙为30~70毫克/100毫升,柠檬为70毫克/100毫升以上,柚为60~70毫克/100毫升。无核或种子退化柚的维生素 C,含量高的可达100毫克/100毫升以上。

③**肉质** 肉质要求细嫩化渣，果肉多，果汁含量高，囊壁薄，易化渣。

④**果实核的有无** 无核或少核，是甜橙、柚等的优良性状的表现之一。以无核最受欢迎。

⑤**果实的安全性** 无对人体有害的残留、毒性物质，或虽然含有，但其量是在能保证人体安全的含量以下。

⑥**果实的耐贮运性** 耐运输、耐贮藏(含采后贮藏和留树贮藏)是柑橘的优良性状之一。不同类的柑橘，其耐贮运性有差异。通常柠檬、柚类最耐贮运，甜橙次之。各类柑橘中的不同品种，其耐贮性也不同。如甜橙中的锦橙较脐橙耐贮，柚类中的晚白柚较琯溪蜜柚耐贮。

(2)丰产稳产性 优良的甜橙、柚、柠檬品种，必须具备丰产稳产的优良特性，同时还应具有结果早的优良性状。不同甜橙、柚、柠檬品种的丰产性也有差异。脐橙中的罗伯逊脐橙较华盛顿脐橙丰产稳产。

(3)适应性、抗逆性强 优良的甜橙、柚、柠檬品种，应具有适应性广，抗逆性(抗病虫、抗热、抗寒、抗旱、抗涝、抗风等)强的特性。不同类型和不同品种，其适应性不同。如柚类适应性比柠檬广，脐橙中的罗伯逊脐橙比华盛顿脐橙的适应性广。就抗逆性而言，柑橘品种不同，其差异也很明显。比如抗寒性，温州蜜柑最强，柚类次之，甜橙再次。再如抗病性，不同的柑橘种类，其抗病性强弱也不一样，像甜橙不抗溃疡病，而宽皮柑橘则相反。又如抗热性也各有差异。通常无核的品种脐橙较有核的品种抗热性差，在花期、幼果期遇异常高温时，落花落果严重，导致减产。

2. 加工用品种

用于加工的品种，其性状的一般要求是：果实色泽鲜艳，风味浓郁，有芳香，糖、酸和维生素含量多，可食率高，无核或少核，加工适应性好。

加工用品种,在种植上要求能早结果,丰产稳产,适应性广,抗逆性强,容易栽培。

由于制品加工的不同,故其对原料也各自有特殊的要求。

用以制汁的甜橙,要求果实出汁率高,可溶性固形物含量高,果汁色泽鲜艳,具有芳香,风味浓郁,甜酸可口,无苦涩等异味和混浊度稳定等优良性状;在果实大小和形状等方面不必苛求。目前适用于加工果汁(橙汁)的品种,有锦橙、先锋橙、雪柑、化州橙、1232橘橙和引进的哈姆林甜橙、凤梨甜橙、帕森勃朗甜橙、伏令夏橙及其优系等。

用以提取香精油的柑橘果实,要求出油率高,油质特别芳香,如巴柑檬和柠檬等,常用于提取香精油。

用以提取果胶的柑橘果实,要求皮渣中的原果胶和果胶含量高,常选用柠檬、枸橼和柚类等作原料。

3. 不同品种的标准

为使我国的柑橘生产与国际柑橘生产接轨,我国正致力于推行农业的标准化生产,农业部制定和发布了我国主栽柑橘的行业标准。现择其锦橙、垫江白柚鲜果标准作简介,以加深对良种标准的认识。

(1)锦橙

①**基本要求** 果实具有该品种特性,果形椭圆形,果皮橙红色或橙色,肉质细嫩化渣,种子平均数少于8粒,达到适当成熟度采摘,果蒂完整、平齐。果实新鲜饱满,无萎蔫现象;果面洁净,风味正常。

②**果实感官品质要求** 根据外观情况,将果实分为优等品、一等品和二等品三个等级,按表2-1执行。

表 2-1　锦橙果实等级划分要求

项　目	优　等　品	一　等　品	二　等　品
果　形	果形端正，形状整齐	果形较端正，形状较整齐	果形尚端正，无严重影响外观的畸形
色　泽	着色良好，橙红色或橙色，色泽均匀	着色较好，橙色，色泽均匀	着色尚好，橙色或橙黄色
果　面	果面光洁，无机械伤、日灼斑，其他斑疤及药迹等附着物的总面积不超过0.5平方厘米，最大斑疤直径不超过0.2厘米	果面较光滑，无未愈合的机械伤，其他斑疤及药迹等附着物的总面积不超过1.5平方厘米	果面洁净，无未愈合的机械伤，其他斑疤及药迹等总面积不超过3.0平方厘米

根据果实横径将果实分为五个级，按表2-2规定执行。

表 2-2　锦橙果实横径分级要求

项　目	LL	L	M	S	SS
果实横径(毫米)	75～80	70～<75	65～<70	60～<65	55～<60

③**果实理化品质要求**　按表2-3规定执行。

表 2-3　锦橙果实理化品质要求

项　目	指　标
可溶性固形物(%)	≥10
固酸比	≥8∶1

④**卫生要求**　铅、镉、汞、乐果、水胺硫磷、溴氰菊酯、氰戊菊酯等的最大残留量要符合表2-4要求。

表 2-4 锦橙卫生要求指标 (单位:毫克/千克)

项 目	最高限量
铅(Pb 计)	≤0.2
镉(以 Cd 计)	≤0.03
汞(以 Hg 计)	≤0.01
乐 果	≤0.1
水胺硫磷	≤0.02
溴氰菊酯	≤0.05
氰戊菊酯	≤0.2

⑤**差异容许度** 考虑各等级质量之间可能出现的差异,规定其允许差异应限制在下列范围之内:

重量差异 产地交接,每件净重误差为标示重量的 ±1%。

隔级差异 不允许有隔级果。邻级果以个数计算,优等品中不超过 3%,一等果中不超过 5%,二等果中不超过 8%。

腐果含量 起运点不允许有腐果,到达目的地后,不超过 3%。

(2)垫江白柚

①**基本要求** 果实具有垫江白柚的品种特性,达到适当成熟度后采摘。果形端正、整齐,果皮黄色,果实新鲜饱满,无萎蔫现象。果面洁净,具香气,风味正常。

②**果实感官品质要求** 根据感官品质要求,将果实分为优等品和合格品。其具体标准按表 2-5 规定执行。

表 2-5 垫江白柚果实感官品质要求

项 目	优 等 品	合 格 品
果 面	果面洁净,无日灼、裂果和未愈合的机械伤,干疤、油斑、介壳虫、锈壁虱危害斑点和烟煤病菌污染等附着物的总面积,不超过果面总面积的3%,其中最大斑面积不超过0.25平方厘米	果面较洁净,无裂果和未愈合的机械伤,日灼、干疤、油斑、介壳虫、锈壁虱危害斑和烟煤病菌污染等附着物总面积不超过果面总面积的5%,其中最大斑面积不超过1.0平方厘米

果实按单果重量分为 LL、L、M、S 四级,具体标准按表 2-6 执行。

表 2-6 垫江白柚果实重量分级要求

项 目	LL	L	M	S
重量(克)	≥1400	1200~<1400	1000~<1200	800~<1000

③**果实理化品质要求** 垫江白柚果实的理化品质要求,按表 2-7 规定执行。

表 2-7 垫江白柚果实理化品质要求

项 目	指 标
可溶性固形物(%)	≥9.5
固酸比	≥8:1

④**卫生指标要求** 同锦橙。

⑤**差异容许度** 同锦橙。

4. 无公害食品柑橘的标准

随着人们生活水平的提高,对柑橘果品的要求不断提高,无公害柑橘、绿色柑橘和有机柑橘,为广大消费者所青睐。现将农业部

2001年10月1日发布实施的无公害食品柑橘有关品质标准的内容简介如下:

(1)感官要求

①**果形** 具该品种特性,果形整齐,果蒂完整、平齐,果实无萎蔫现象。

②**色泽** 果实自然着色,色泽均匀,具有该品种成熟果实特有色泽;提早上市者单果自然着色面积大于全果的1/3。

③**果面** 果面新鲜光洁,无日灼、刺伤、虫伤、擦伤、碰压伤、裂口、病斑及腐烂现象。

④**果肉** 具该品种果肉质地和色泽特性,无粒化现象。

⑤**风味** 具该品种特有的风味香气,无异味。

⑥**缺陷果容许度** 同批次产品中腐烂果不超过1%;严重缺陷果(存在干疤、水肿、冻伤、枯水及粒化缺陷的果实)不超过2%;一般缺陷果(果形不正、着色不佳、果面轻度擦伤或果面有较明显斑痕的果实)不超过5%。

(2)理化要求 无公害柑橘果实理化要求,按表2-8执行。

表2-8 无公害柑橘果实理化要求

项目	指标							
	甜橙类			宽皮柑橘类			柚类	
	脐橙	低酸甜橙	其他	温州蜜柑	椪柑	其他	沙田柚	其他
可溶性固形物(%)	≥9.0	≥9.0	≥9.0	≥8.0	≥9.0	≥9.0	≥9.5	≥9.0
固酸比	≥9.0	≥14.0	≥8.0	≥8.0	≥13.0	≥9.0	≥20.0	≥8.0
可食率(%)	≥70	≥70	≥70	≥75	≥65	≥65	≥40	≥45

续表 2-8

项目		指标							
		甜橙类			宽皮柑橘类			柚类	
		脐橙	低酸甜橙	其他	温州蜜柑	椪柑	其他	沙田柚	其他
果实横径（毫米）	大果型品种	≥70				≥60			≥150
	中果型品种			≥55	≥55		≥50	≥130	≥130
	小果型品种		≥50	≥50			≥40		
	微果型品种						≥30		

注：1. 低酸甜橙，指新会橙、柳橙、冰糖橙等品种

2. 其他甜橙，指除低酸甜橙和脐橙之外的甜橙品种，包括锦橙、夏橙、血橙、雪柑、化州橙、地方甜橙等

3. 橘橙、橘柚等杂交种，则以其主要性状与表中所列最接近的类别判定

4. 大、中、小、微型果的划分如下：

甜橙类：大果型：脐橙；中果型：锦橙、大红橙、血橙、夏橙、化州橙、雪柑、普通地方甜橙；小型果：冰糖橙、新会橙、柳橙、桃叶橙、哈姆林甜橙

宽皮柑橘类：大果型：椪柑等；中果型：温州蜜柑、樟头红、红橘、槾橘、早橘、蕉柑、衢橘、茶枝柑等；小果型：南橘、朱红橘、本地早、料红、乳橘、年橘等；微果型：南丰蜜橘、十月橘等

柚类：大果型：琯溪蜜柚、晚白柚、玉环文旦、梁平柚、垫江白柚等；中果型：沙田柚、四季抛、强德勒柚、五布柚等

(3) 安全卫生指标 无公害柑橘果实安全卫生指标，应符合表2-9 规定。

表 2-9 无公害柑橘果实安全卫生指标 （单位：毫克/千克）

通用名	指标
砷（以 As 计）	≤0.5
铅（以 Pb 计）	≤0.2

续表 2-9

通 用 名	指 标
汞(以 Hg 计)	≤0.01
甲基硫菌灵	≤10.0
毒死蜱	≤1.0
杀扑磷	≤2.0
氯氟氰菊酯	≤0.2
氯氰菊酯	≤2.0
溴氰菊酯	≤0.1
氰戊菊酯	≤2.0
敌敌畏	≤0.2
乐 果	≤2.0
喹硫磷	≤0.5
除虫脲	≤1.0
辛硫磷	≤0.05
抗蚜威	≤0.5

注:禁止使用的农药在柑橘果实中不得检出

(二)苗木的标准

甜橙、柚、柠檬的引种包括种子、砧苗、良种接穗和苗木,且主要是苗木和接穗。种子、砧苗是良种苗(嫁接苗)的基础。现将砧木种子、砧苗(木)、良种接穗、良种苗要求的标准,简介如下:

1. 砧木种子的标准

(1)品种纯正 砧木种子应采自砧木母本园。不是采在砧木母本园的砧木种子,必须品种纯正。

(2)果实成熟 通常要求砧木种子来自成熟果实的种子。既可剖果取种子,也可堆沤至果皮开始腐烂时取种子。某些砧木品种的种子，如枳，也可在果实未成熟时取种，但一般应在枳开花后110～120天采青果剖取嫩种，并立即播于保护地，以保有约95%的出苗率。

(3)种子饱满 剖取或从沤腐果中取出的种子，洗净外种皮上的果胶及粘附在种子上的果渣，然后将其置于干燥通风处，待种子全部发白时收藏待用。种子要选择饱满的，以提高出苗率。

2. 砧苗(木)的标准

第一，种子易采集，可大量繁殖，出苗率、成苗率高，苗期生长快，当年可嫁接。如枳、红橘、酸橘、本地早、香橙、枳橙和酸柚等。

第二，适应性强，抗寒、抗旱、抗涝、抗风等，对气候的适应性强；耐酸、耐盐碱、耐瘠薄，对土壤的适应性强；抗溃疡病、脚腐病、流胶病、病毒病和类病毒病、根线虫病等，对生物的适应性强。

第三，与接穗品种的亲和力强，嫁接成活率高，砧穗互相影响良好，根系发达，树体强健，早结果，优质丰产稳产，果园的综合性状好。

第四，供嫁接的砧木，在嫁接口处要达到一定的粗度，即通常腹接径粗0.7厘米以上，切接径粗0.8厘米以上。

3. 接穗的标准

(1)品种纯正 接穗应来自母树或纯度高的采穗圃。

(2)无检疫性病虫害 接穗应无检疫性病虫害、溃疡病、黄龙病、大实蝇等，无病毒病和类病毒病害裂皮病等。

(3)选择枝梢要适当 用作接穗的应是树冠中、上部，外围的一年生老熟(木质化)、芽饱满的健壮枝梢，通常用春梢、秋梢。目前，也有用夏梢作接穗的。未结果树的枝梢，果树的下垂枝，内膛枝和纤弱枝等，不宜作接穗。通常一根接穗的有效芽(饱满芽)要求在4个以上。

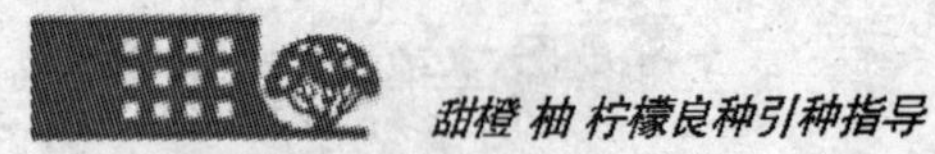

4. 苗木的标准

(1)品质优良 栽培所用苗木,应是品种纯正的无病健壮良种苗。无检疫性病虫害,无病毒和类病毒病害。即使有一般的病虫害也要求程度轻微,最好是没有病虫害。

(2)“三证”齐全 出圃苗木要具备“三证”,即检疫证、生产证和苗木质量合格证。

(3)外观要求 主干粗直,主干高20~30厘米,嫁接部位离地面10~15厘米,接口愈合良好;根系发达、完整,根颈无扭曲现象。

(4)苗木出圃标准 因品种、砧木和气候带的不同,故苗木出圃的标准也不同。苗木出圃标准的掌握,按表2-10执行。

表2-10 甜橙、柚、柠檬、金柑苗分级标准 (国家标准)

种类	砧木	级别	南亚热带			中亚热带			北亚热带		
			苗粗(厘米)	分枝数(条)	苗高(厘米)	苗粗(厘米)	分枝数(条)	苗高(厘米)	苗粗(厘米)	分枝数(条)	苗高(厘米)
甜橙	枳	1				≥0.8	3	≥45			
		2				≥0.6	2	≥35			
	酸橘、红橘、朱橘、枸头橙	1	≥1.0	3~5	≥45	≥0.9	3	≥50			
		2	≥0.8	2	≥35	≥0.7	2	≥40			
柚	酸柚	1	≥1.1	3~4	≥60	≥0.9	3	≥60			
		2	≥1.0	3	≥50	≥0.8	2	≥50			
柠檬	红橘、香橙、土橘	1	≥1.0	3	≥60	≥1.0	3	≥60			
		2	≥0.9	3	≥50	≥0.8	2	≥50			
金柑	枳	1	≥0.8	3	≥45	≥0.6	3	≥35	≥0.6	3	≥35
		2	≥0.6	3	≥35	≥0.5	2	≥30	≥0.5	2	≥30

二、良种苗木的鉴定与识别

引种良种，主要是引良种接穗和良种苗木。现将良种接穗和良种苗木的鉴定与识别方法简介如下：

（一）良种接穗

良种接穗应采自良种母树或良种采穗圃，并根据品种枝、叶、花、果等鉴定或识别其品种的纯度。对检疫性病虫害和病毒病害能否正确地进行鉴定与识别，关系引种成败。如果在引种时不认真进行检疫，将带有检疫性病虫害和病毒病害的苗木引入当地，严重的会毁灭柑橘生产。因此，对检疫工作，必须引起足够的重视。

我国不少柑橘产区已出现柑橘的检疫性病害和病毒类病害，如溃疡病、黄龙病、裂皮病、衰退病、碎叶病等。在引种柑橘良种时，为防止其蔓延，必须识别其症状，坚决防止引入带有检疫性病害和病毒类病害的苗木和种子。现将上述检疫性病害简介如下：

1. 溃疡病

溃疡病是甜橙等柑橘的严重细菌性病害，为国内外检疫对象。我国的浙江、福建、广东、广西、江西和湖南等省（自治区）的柑橘产区有溃疡病。柑橘的叶片、枝梢和果实，均可发生此病。此病可根据以下症状进行识别。

(1) 叶片受害的症状　初期，在叶背出现淡黄色针头大的油浸状斑点。后来病斑逐渐扩大，颜色转为米黄色至暗黄色，并在同一病斑处穿透，叶的正反两面同时隆起，一般背面隆起比正面更明显。再往后，病斑中央呈火山口状裂开，最后病斑木栓化，变为灰褐色，近圆形，病斑周围有黄色晕环。病斑直径一般为 0.2 ~ 0.5 厘米，具体大小因品种不同而异。

(2) 枝梢受害的症状　枝梢受害情况，以夏季嫩梢受害最严重。其症状与叶片类似,但病斑比叶片上的更为突起。病斑直径通常为0.5~0.6厘米,病斑周围没有黄色晕环。

(3)果实受害的症状 果实患溃疡病后,病斑也与叶片上的类似,但病斑较大,一般直径为0.5~0.6厘米,表面木质化程度更高,病斑中央的火山口开裂也更显著。未成熟青果的病斑周围有黄色晕环,果实成熟后消失。

溃疡病是检疫性病害,所以严禁非疫区到疫区引种。

2. 黄龙病

(1)黄龙病树的判断 黄龙病是病毒类病害。发病后,不论是初期或是后期,均出现斑驳型黄化叶片。通常,将斑驳叶群作为鉴定黄龙病的重要依据。但如果田间症状掌握不准,无法判断时,可采取以下方法进行判断:

一是强度修剪疑病树,促其抽发新梢。如果是黄龙病树,其新梢叶片将表现明显的斑驳。

二是测定疑病树是否具有感染性,或对四环素、青霉素有无敏感性。常从疑病树上采接穗几十枝,分为3组,分别用清水、浓度为500毫克/千克的盐酸四环素液和500毫克/千克青霉素G钾液浸泡3小时后,用清水冲洗,用单芽切接法将其嫁接于无病椪柑砧木或红橘、酸橘或甜橙砧木上,每组嫁接几十株。待接芽萌发后,同时保留砧蘖1~2枝,观察有无病状。用嫁接黄龙病标准毒源单芽作正对照,嫁接无病实生苗单芽作负对照。鉴定常在先年12月份至次年3月份进行,到6~7月份即可看出结果。正对照有斑驳型黄化叶,负对照则正常。鉴定树如果是黄龙病树,其用清水浸泡的接穗长出的苗有症状,而用药剂泡过的全部不发病或只有个别植株发病。

(2)黄龙病症状识别 黄龙病全年均可发生,但以夏、秋梢发病最多,其次是春梢。病树初期的特征性症状是在浓绿的树冠中出现1~2枝或多枝黄枝,黄梢的部位多在树冠的顶部和外围。随后,病梢的下段及树冠的其他部位枝梢也发病,直到全株衰退黄化。构成黄龙病黄梢的黄化叶,有均匀型黄化叶片、斑驳型黄化叶片和缺素型黄化叶片三种类型。

3. 裂皮病

鉴定植株是否患有裂皮病,可用伊特洛格香橼的几个品系作指示植物。如亚利桑那 861 和 USDCS60-13。亚利桑那 861-S-1 还可鉴定弱毒系。裂皮病的特征性病状,一是叶片中脉抽缩并向后仰卷,二是老叶背面的叶脉表面局部呈污褐色。

(1)指示植物的嫁接 每株鉴定树,要用 3~4 株指示植物鉴定,而每株指示植物需用接芽(或枝段等)2 个。接后重剪,诱发新梢生长。通常,在适于发病的温度 27℃~35℃下,3~5 周后即开始陆续发病。与此同时,要嫁接已知带裂皮病的芽为正对照。嫁接无毒实生苗的芽为负对照。嫁接接种时,每株被鉴定树接完后,对使用过的嫁接刀,要用 1%次氯酸钠消毒。

(2)裂皮病症状识别 患裂皮病的树,一般表现为砧木树皮纵向开裂,严重时树皮剥落,有时树皮下有少量的胶状物,植株矮化。此外,病树还出现枯枝落叶,新梢少而弱,有的叶片呈缺锌状,并且开花多而坐果少。

4. 衰退病

衰退病由橘蚜传播。在我国,传播衰退病的橘蚜分布普遍。由于我国各地所用主要砧木是耐病的,不表现明显症状,故目前危害并不严重。

(1)常用指示植物 鉴别衰退病,常用的指示植物是墨西哥来檬。进行鉴别时,用芽或枝段等接种均可。衰退病的特征性病状,是嫩叶脉明(对光观察,叶脉局部透光)和木质部有陷点和沟纹。鉴定苗黄型衰退病毒,还可用葡萄柚或尤力克柠檬作指示植物。其症状是新叶小,黄化,呈匙形,植株矮化。由于蚜虫可传播此病,

故鉴定必须在网室内进行。

(2)衰退病症状识别 以酸橙作砧木的甜橙,大树发病后大部分枝条同时表现出症状。有些叶片的主脉和侧脉附近明显黄化,不久即脱落。从落叶病枝上抽发的新梢,形体细弱,叶片变小,病枝从顶部向下枯死。初病时,病枝可开花结果,后衰退不结果,故称为衰退病。也有的是出现初期症状数月后,其叶片突然萎蔫,干挂树上,植株死亡。此种情况的衰退病又称速衰病。

5. 碎叶病

(1)可用的指示植物 鉴别柚等柑橘树碎叶病,可用腊斯克枳橙、特洛亚枳橙和厚皮来檬作指示植物,其中以腊斯克枳橙最敏感。可用实生苗,也可用嫁接苗作指示植物,在主干下部接2个被鉴定的芽或枝段后重剪,在适于发病的温度18℃~26℃下,如有新梢生长,在嫁接接种后1~2个月,嫩叶上出现黄色近圆形斑点,以后叶片扭曲畸形。嫁接接种时,每株被鉴定树接完后,将嫁接刀用1%次氯酸钠液进行消毒。

(2)碎叶病症状识别 患碎叶病后,病株的砧穗接合处环缢和接口以上的接穗部肿大,叶脉黄化,植株矮化。剥开接合部树皮,可见接穗与砧木的木质部间有一圈缢缩线。受到强风作用时,病树砧穗处易断裂,裂面光滑。枳橙实生苗受侵染后,新叶上出现黄斑,黄斑部分生长受阻,而周围绿色部分继续生长,使叶片出现叶缘缺损和叶片不平整的扭曲症状。茎干上有褪绿黄斑,成"之"字状弯曲,植株矮化。

(二)良种苗木

良种嫁接苗,包括良种接穗和砧木两部分。良种接穗的鉴定与识别前已叙述。以下简介良种砧木的鉴定与识别方法。

砧木鉴别的方法较多。如观察砧部萌蘖枝叶的形态,与已知砧木品种的枝叶特性相对照,以达到鉴别的目的;以根系的分生状况、根系的大小、粗度和色泽，根皮捣碎后的气味，以及用无机试剂对蛋白质和酸类物质的显色反应等方面，均可鉴别。限于篇幅，不再赘述。

为了保证引种苗木的质量，国家和农业部柑橘及苗木质检中心，应对繁育苗木的场（圃），进行统检和抽检。质检内容包括：质量管理的机构、制度和标准；领导分管、专人负责情况；专业技术指导，工人熟练育苗技术情况；田间档案情况；质量控制的砧木纯度、接穗纯度、纯度保证人及赔偿能力和“三证”情况；苗圃立地条件的土层、轮作、排灌、交通和病区苗圃的隔离等情况。

无病毒苗圃还应具备：母本苗及接穗引入来源可靠，苗圃无检疫对象；隔离符合要求；工作人员熟知并严格遵守无病毒苗木生产操作规程。

引种者应该到质检合格，“三证”齐全的场（圃）引种良种。

第三章 甜橙、柚、柠檬良种引种的原理、原则和方法

按照正确的原理、原则和方法进行柑橘良种引种，是柑橘良种引种成功的关键。

甜橙、柚、柠檬引种，是指在国内或国外不同甜橙、柚、柠檬生产区域或生态区域之间，相互引进甜橙、柚、柠檬种质，经过试验观察，从中选出优良品种、品系或类型，供生产上推广的品种(品系)或作育种材料的过程。简言之，即把甜橙、柚、柠檬的一个品种，从原来的栽培区域引入新的栽培区域进行栽培的过程。

一、引种原理

甜橙、柚、柠檬的每个品种，都有一定的遗传性适应范围。在实践中不乏引种成功的例子和失败的教训，其关键就在于引种是否符合所引品种的遗传性适应范围。

引种包括简单引种和驯化引种两种。简单引种是在品种遗传性适应范围内的迁移，一般以接穗、苗木作为引种材料。驯化引种是在原产地和引入地之间生态环境差异大的条件下引种。它是在品种遗传性适应范围外的迁移，引种的材料需要改变遗传性，才能适应新的环境条件。因此，驯化引种，一般以种子为材料。因为种子播种后所萌发的实生苗，在遗传上有很大的可塑性，容易适应新的环境条件，引种容易获得成功。

(一)简单引种的遗传学原理

简单引种，是品种在遗传性适应范围内的迁移。这种适应范

围受到基因型的严格控制。一个品种的遗传性适应范围,是指这个品种所代表的基因型在地区适应性方面的反应范围。由于自然条件的不同,各个品种在适应性上的反应范围有差异。因此,在引种不同品种时就有不同的表现。

如脐橙、血橙和夏橙等,在有的地区就不能结果,或者不能越冬。脐橙不仅要求一定的热量条件,而且对空气的湿度,反应也很敏感。

华盛顿脐橙在空气相对湿度(花期、幼果期)65%~70%的重庆市奉节县,挂果累累,丰产稳产;而在中国农业科学院柑橘研究所的所在地重庆市北碚区,却出现另一番景象:“花开满树喜盈盈,遍地落果一场空”。如果对它不采取相应的保果措施,就会一果无收。对于这种现象,在引种时一定要加以高度的重视,极力防止这种现象的出现。

由此表明,这些品种的基因型反应适应范围小,遗传适应性弱。

(二)驯化引种的遗传学原理

驯化引种,是品种适应性范围外的迁移,还包括遗传型本身的改变。驯化引种,只有用种子作材料,才有可能获得成功。因为种子通常经过自然授粉,可能出现基因型反应范围广的新类型,即使是未受精的珠心胚苗,也会因花粉刺激而产生基因型变化,表现出对新环境的适应性而生存下来。采用种子作繁殖材料,就能为驯化引种创造有利条件。

此外,幼龄阶段的实生苗,具有较大的可塑性,容易对新环境产生适应能力,使引种获得成功。如重庆市长寿县的长寿沙田柚(又名古老钱沙田柚、长寿正形沙田柚),大约在1887年从广西引入沙田柚种子,经实生繁殖选育而成。

二、引种原则

(一)根据需要引种

甜橙等柑橘引种,是柑橘品种改良最为快速、方便、有效的方法。但是,必须根据需要引种,切勿盲目、跟风引种而导致低效,甚至失败。根据需要引种,是指在摸清当地品种资源、掌握新优品种(品系)准确信息的前提下,制定引种计划,引入对当地生产、科研和教学有价值的品种或材料。

随着科学的进步,甜橙、柚、柠檬新优品种不断推出。生产者既要对新优品种有引入的兴趣,有计划地根据需要积极引进,同时对当地主栽或已栽的品种(品系)汰劣留优。淘汰市场无销路,效益低下的相形见绌的品种(品系),保留仍有前景的品种(品系),并进行提纯复壮,优中选优。

(二)根据生态条件引种

引种应根据生态条件,了解拟引进品种在原产地的生态条件,原产地与拟引地(当地)生态条件的差异性及生态因子的综合作用。

生态因子包括气候、土壤条件和病虫害等。在气温、雨量、日照和风等气候因子中,温度条件是最主要的因子。温度条件中的年平均温度、极端低温、极端高温和生长最适温度、≥10℃的年活动积温等,以极端低温对引种影响最大。不同的柑橘品种所能忍受的极端低温各不相同。一般认为,柑橘能忍受的极端低温,枳为-23℃,金柑为-11℃~-12℃,甜橙类、柚类为-6℃~-7℃,枸橼、柠檬类为-2℃~-3℃。所有柑橘品种生长的最适温度为23℃~34℃,要求最低的生长温度为12.8℃。当温度达到37℃~

39℃时，柑橘果树会停止生长。对土壤的要求为微酸性，即氢离子浓度为316.3～3163纳摩（pH 6.5～5.5），氢离子浓度≤10纳摩（pH≥8），则不能引种枳砧苗，应引入耐盐碱砧木良种苗。若当地有严重病害，引入的品种一般要求具有对这些病害的抗性。

（三）严禁从疫区引种

无柑橘检疫性病害的甜橙、柚等产区，严禁从疫区引种接穗和苗木。科研、教学单位非引种不可的品种和材料，必须严格地采取隔离措施，鉴定确无检疫性病虫害时才可应用和推广种植。

三、引种方法

引种应取积极慎重的态度，坚持引种通过试验后再行推广的要求，以免造成不必要的损失。

（一）制定引种计划

在摸清当地甜橙、柚、柠檬等品种资源的基础上，提出关于需要引入的品种、引种材料（接穗、苗木、种子）、引种数量和引种时间等方面内容的详细计划。计划中还应说明拟引品种在原产地（生产地）的分布情况、表现评价及所需要的生态条件。

引种种类、品种（品系）或类型确定后，关于从何处引种和引何种繁殖材料（接穗、苗木、种子）的问题，便是引种能否成功的关键。一般而言，从最集中的高产地带引种，不如从气候条件与引入地相类似的边缘分布区或从原始品种中选择引种更易取得成功。因为集中高产地带，通常不是该树种的起源中心，那里的品种一再被人工选择，遗传基础极狭窄，适应性极差。当然，这是从一般估计适应性强弱角度的选择。至于特定的引种，如以引入抗病虫品种为目的的引种，可以从经常发生该种病虫害的地区引入抗病虫种源；

以抗寒类型为目的的引种,可以选择从偏北或高纬度分布区引种。因这些地方由于长期在自然选择和人工选择的影响下,常会形成对这些因素具有抗性的品种类型。

至于引进何种繁殖材料,从方便和遗传稳定性出发,以引入接穗和嫁接苗为好。但是,需要经过驯化的则应引种子,因为种子萌生的实生苗比一般的无性繁殖苗适应性强。

(二)进行引种试验

引种,开始只引少量材料。引种后,要进行引种试验及中间试验,且用当地的标准品种(主栽品种)作对照,对引进品种的生长、结果与抗性等作出评价,即对树势的强弱、结果习性、产量(始产期、有无大小年、结果量等)、果实外观(形状、大小、整齐度、色泽和果皮粗细等)、果实内质(糖、酸含量、可溶性固形物含量、果汁率、可食率、风味、香气、质地、有无种子等)、果实耐贮(藏)运(输)性和抗逆性(抗寒、抗旱、抗涝、抗热、抗盐碱、抗病虫)等,对引种品种作出客观的评价。

试验可在多点进行,以缩短引种从观察、鉴定到推广的年限。

(三)引种注意事项

为减少引种损失,提高引种成功率,在引种时应注意如下事项:

1. 引进品种必须纯正

所引进品种的苗木或接穗,应具有该品种的典型性状,防止机械混杂,并且必须符合国家标准。

2. 做好引进品种的登记

品种一经引进,即应做好登记,记录品种来源、产地、引种时间和砧木,并简述该品种在原产地的树势、产量、果实品质、熟期、耐贮性、抗逆性及栽培要点等。

3. 认真做好检疫

引进的材料，要求不带病虫害。被引种单位应根据引种单位的要求，出具检疫证明。无检疫性病虫害的产区，严禁到疫区引种。

由于土壤中带有多种病虫和杂草种子，因此，从国外引进苗木应严禁带土。国内引种，最好也不带土。特别是柑橘线虫的繁殖体，带土的根是很难进行防疫处理的。

引进材料的包装材料，必须清洁干净，以防传播病虫害。

4. 掌握品种特性和配套栽培技术

每个品种都有其特性和要求，以及要求采取与其特性相适应的配套栽培技术。因此，必须逐一掌握。良种，只有在适宜的环境条件下，采用科学的栽培方法，即通常所说的“良种、适地、适栽”，才能获得成功。

5. 要从可靠的供苗(穗)单位引种

为了保证所引种品种的纯正，使引种获得成功，引种者应从科研单位及其基地引种，向“三证”(育苗生产许可证、苗木质量合格证、检疫证)齐全的单位引种。

第四章　甜橙良种引种

甜橙因其色、香、味俱佳，营养丰富，既适鲜食，又宜加工，特别是适宜加工橙汁，而在甜橙、宽皮柑橘、葡萄柚和柚、柠檬和来檬四大类柑橘中位居首位。目前，我国仍以栽培宽皮柑橘为主。但随着我国加入世贸组织，消费者对橙汁需求的不断增加，我国的甜橙生产将会有更大的发展。

甜橙可分为：普通甜橙、无酸甜橙、脐橙和血橙等四大类。现择其中主要优质者介绍于后。

一、普通甜橙

普通甜橙是甜橙中品种类型最多，分布范围最广、栽培面积最大和产量最高的类群。它的基本性状，通常可代表甜橙的基本特征，平时所称的甜橙、广柑，实际上均指此类普通甜橙。

(一)锦橙及其优系

1. 锦　橙

(1)品种来历　锦橙(彩图 4-1)又名鹅蛋柑 26 号和 S_{26}。原产于四川江津(现重庆市江津)，系 20 世纪 40 年代从地方实生甜橙中选出的优良变异。在四川和重庆两省、市的柑橘产区，几乎均产。湖北(主要是宜昌南津关以西)、贵州和福建等省，也有少量种植。南津关以西长江沿岸的不少县(市)，为锦橙的集中产区。

(2)品种特征特性　树势强健，树冠圆头形，树姿较开张。枝条强健柔韧，偶有小刺，叶片长椭圆形。果实为椭圆形或长椭圆形，形如鹅蛋，故又名鹅蛋柑。果大，平均单果重 170 克左右，最大的果实可超过200克。果实橙色至橙红色，鲜艳，有光泽，果皮薄，厚0.2～0.3厘米。果实可食率在74%以上，果汁率为45%～50%。可溶性固形物含量为11%～13%，糖含量为8～10克/100毫升，酸含量为0.8克/100毫升左右。囊瓣8～13瓣，整齐一致，囊壁薄。肉质细嫩化渣，甜酸适口，具芳香。果实于11月下旬至12月上旬成熟，至12月中下旬采收品质更佳。果实既适鲜食，又宜加工橙汁。橙汁色泽橙黄，组织均匀，稳定性好，具微香。单果有种子8～12粒。

(3)适应性及适栽区域

①**适应性**　在年平均温度16℃以上的地区可种植，但以年平均温度为18℃左右，≥10℃的年活动积温为6000℃左右，1月份平均气温为7℃，极端低温在-4℃以上，年日照1300～1400小时，年降水量为1000毫米以上，深厚的紫色土或砂壤土，pH值在5.5～6.5的生态条件，最适于种植。

②**适栽区域**　长江上游的宜宾至湖北宜昌南津关以西各县(市、区)，长江上游及其支流岷江的宜宾以下，沱江的内江以下，嘉陵江的合川、潼南以下，金沙江的屏山以下各县(市、区)，云南金沙江沿岸的绥江、富水等县(区)，贵州赤水河下游、乌江下游的沿江区域为适栽。此外，湘南、赣南和福建东南部也可种植。四川西昌、渡口一带，年平均温度为20℃左右，≥10℃的年积温为7500℃，日照好，锦橙生长发育快，进入结果期早，丰产稳产，风味浓甜，品质优，惟色泽较淡。在海拔1500米以下的地方，也适于种植。

锦橙结果早，适应性广，除广东、广西和海南等省(自治区)采前有裂果之弊外，其他热量条件良好的地域均可种植。锦橙对土壤的适应性也广，尤适紫色土和砂壤土。锦橙既适鲜食，又可加工橙汁。可扩大种植。

(4)栽培技术要点及注意事项

①确定砧穗组合,选好园地　锦橙以枳为砧,在微酸性土壤中表现早结果,丰产稳产,又抗脚腐病;但在碱性较重的土壤上,易发生缺铁黄化,使树体早衰。红橘砧较耐碱性,但投产较枳砧晚,不抗脚腐病。因此,锦橙园地的选择,除应注意土层深厚、肥沃外,还应注意酸、碱性,并根据土壤酸、碱性确定砧木。枳砧锦橙易患裂皮病,应注意预防。红橘砧锦橙,幼树应加大分枝角度并采取促使早结果的措施。

②加强肥水管理,确保丰产

一是重点抓好花前肥、壮果促梢肥和采果肥。应看树施肥,在重庆产区,健壮结果幼树的花前肥在2月底至3月初施下,占全年用肥量的25%;壮果促梢肥在7月上中旬施下,占全年用肥量的50%;采果肥(冬肥)在采收前半个月左右施下,约占全年用肥量的25%,以利于扩大树冠,提高产量。对弱树,除上述3次施肥外,还宜在开花末期补施一次,肥料以腐熟的人、畜粪水为主,也可用其他腐熟的有机肥。对锦橙成年结果树,施肥以有机肥为主,化肥为辅,氮、磷、钾配合。还可根据当年结果量的多少,决定施肥与否。如小年树,春梢多,结果少,第二年已有足够的结果母枝,可不施促梢肥;反之,大年树,着果多,春梢弱,为促晚夏梢、早秋梢,7月中下旬的促梢肥必须施足。此外,为提高锦橙对肥料的利用率,还可进行根外追肥(叶面喷布)。常用的肥料种类和浓度为:尿素0.2%~0.3%,过磷酸钙1%~3%,草木灰1%~3%,硫酸钾0.5%,柠檬酸铁0.05%~0.10%,硫酸亚铁0.05%~0.10%,硫酸锌0.05%~0.10%,硫酸镁0.05%~0.10%,硫酸锰0.05%~0.10%,硫酸铜0.01%~0.02%,硼酸0.05%~0.10%,硼砂0.05%~0.10%。根外追肥的次数,可根据保叶保果的需要而定。

二是灌水防旱。采果后的冬季若出现干旱,不仅使树体不能及时恢复,而且影响树体的营养物质积累,使新梢叶片褪绿,花芽分化过多,导致树体明显变弱。故有冬旱之地,采果后要灌水一次,以后视情况隔15天或1个月再灌一次。有冻害的锦橙产地,灌水可提高土温,减轻或避免树体受冻害。春旱,影响春梢生长和开花,故春季灌水是保梢、保花和稳果的重要措施。夏干伏旱,伴随高温,使土壤水分蒸发量和叶片蒸腾量剧增,如果缺水,会使果实变小,果皮皱缩,影响产量;若严重缺水,还会导致落果落叶,既影响当年产量,又影响树势和翌年产量。夏干伏旱时灌水保叶保果,对提高产量效果明显。久旱不雨,会影响果实膨大,一旦旱情解除,就会因果肉生长快于果皮生长而导致裂果,故应采取及时灌水、树盘覆盖等措施。

三是保花保果。花期和幼果期遇阴雨连绵或异常高温,尤其是少核、无核锦橙会加剧生理落果,影响产量。通常宜采取综合保果措施。如遇异常高温,可灌水降温,而喷灌效果则更显著。采用生长调节剂保果,控制夏梢(幼树),以果压梢,加强病虫害防治等,均为有效的措施。

(5)供种单位 重庆市果树研究所,中国农业科学院柑橘研究所及其他柑橘供种单位(见本书附录)。

2.锦橙优系

(1)蓬安100号锦橙

①**品种来历** 蓬安100号锦橙(彩图4-2,彩图4-3),系1973年选自四川省蓬安县园艺场锦橙园的优变株系。经多年鉴定,它遗传性稳定。

②**品种特征特性** 树势中等,树冠圆头形。成枝力强。果大,单果重200~240克。果实色泽橙红,长椭圆形,个体整齐,果皮厚0.3厘米。果实可食率为72%~74%,果汁率为47.1%,可溶性固形物含量为11%~13%,糖含量为8~10克/100毫升,酸含量为0.6~1.0克/100毫升。果肉细嫩,甜酸浓郁,具清香,鲜食、加工均宜。少核或无核,品质极佳。果实于11月中下旬成熟,贮藏性

好,贮至翌年4月份品质仍优。锦橙100号丰产、稳产,结果早,是目前推广的锦橙优系。

③**适应性及适栽区域** 蓬安100号锦橙适应性广,可在中亚热带适栽锦橙的区域栽培,尤适南充和川东地区栽培。

④**栽培技术要点及注意事项** 同锦橙栽培技术。以红橘为砧木的,需要较高的肥水管理。通常5年生树能始花结果,6~8年生树株产量可达40~75千克。

⑤**供种单位** 四川蓬安县农业局果树站,中国农业科学院柑橘研究所等单位。

(2)中育7号甜橙

①**品种来历** 中育7号甜橙(彩图4-4,彩图4-5),系中国农业科学院柑橘研究所周育彬等用人工诱变方法育成的优良品种,经全国品种审定,定名为中育7号甜橙。

②**品种特征特性** 树势强健,树冠圆头形,发枝力强。果实短椭圆形至椭圆形。单果重170~180克,外形整齐美观,果色橙红、鲜艳,果皮薄,厚度为0.3厘米左右。果实可食率为70%~80%,果汁率为55%以上,可溶性固形物含量为11%~14%,糖含量为9~10.5克/100毫升,酸含量为0.7~0.9克/100毫升。果肉细嫩化渣,具芳香,甜酸适口。单果平均有种子0.06~0.51粒(亲本锦橙果实的种子数平均为7.9粒),品质上乘。果实于11月上中旬成熟,比锦橙早7~10天。果实耐贮藏,贮至翌年3~4月份风味仍佳。该品种能早结果,丰产性好。枳砧2~3年生幼树能始花结果,4~5年生树株产量为5.3~6.6千克,7~8年生树株产量为39~50千克。由于它优质,早结,丰产稳产,因此是目前推广发展的鲜食和加工皆宜的甜橙中熟品种。

③**适应性及适栽区域** 中育7号甜橙适应性广,在年平均温度16℃~21℃的地域均可种植,以年均温18℃以上的区域种植品质更优。

④**栽培技术要点及注意事项** 以枳作砧的中育7号甜橙,可密植,株行距为2米×3米,以利早结果,早丰产。其7~8年生树,若出现树冠交叉,可作间移或间伐,使其株行距变为4米×3米。土壤以疏松、肥沃,呈微酸性或中性为最适。每年施肥量为纯氮12~16千克,纯磷7.5~10千克,纯钾12~16千克。修剪一般以轻剪为主,掌握促春梢、控夏梢、放秋梢的原则。对成年结果树,要注意剪除病虫枝、枯枝、密枝、弱枝和果把,留蓄内膛枝;老弱树应注意短截更新。在花期和幼果期,若遇低温、阴雨或出现异常高温,要事先采取保花保果措施。

⑤**供种单位** 中国农业科学院柑橘研究所,重庆市无病毒柑橘母本园等。

(3)开陈72-1锦橙

①**品种来历** 开陈72-1锦橙(彩图4-6,彩图4-7),于1972年,在四川省开县(现重庆市开县)陈家园艺场选出。

②**品种特征特性** 树冠圆头形,枝梢健壮,春梢和春秋二次梢为其主要结果母枝。果实长椭圆形,包着紧。单果重140~175克。果皮薄,光滑,果色橙红鲜艳,果心小。果实可食率为74.7%,果汁率为58.3%,可溶性固形物含量为11%~13%,糖含量为9~10克/100毫升,酸含量为0.7~0.8克/100毫升。肉质细嫩,汁多味浓,甜酸适度,带微香。少核,每果有种子3~4粒,品质佳,既可鲜食,更宜加工橙汁。果实于11月下旬至12月上旬成熟。若延迟至12月中下旬采收,果实更加酸低糖高,也更适合加工果汁。

③**适应性及适栽区域** 开陈72-1锦橙是重庆万州发展的品种,因其非常适宜橙汁加工,故在重庆沿长江各县及四川宜宾、泸州一带,均作为中熟加工品种种植。但是,它更适合四川盆壁地区栽培。在海拔400米以下,年均温度为18℃左右,肥沃的微酸性土壤条件下种植,优质丰产性表现尤佳。

④**栽培技术要点及注意事项** 以枳作砧木的，树体矮小，结果早，品质更优，且抗脚腐病、柑橘线虫病，也较抗寒和抗旱。枳砧开陈72-1锦橙，在正常管理条件下，3年生植株能开花结果，4年生树可株产量为5～8千克，6～7年生树能株产量15～25千克。成年树株产量40千克以上，最高株产量可达100千克。年施肥3～4次。施肥要氮、磷、钾配合，农家肥和化肥配合。一般667平方米产果1000千克的，年施肥量为：纯氮20千克，纯磷12千克，纯钾18千克。在结果初期，应注意控制夏梢，以利于及时投产和丰产。

⑤**供种单位** 重庆市开县柑橘办公室，中国农业科学院柑橘研究所等单位。

(4)铜水72-1锦橙

①**品种来历** 铜水72-1锦橙（彩图4-8，彩图4-9），于1972年从四川省铜梁县（现重庆铜梁）的锦橙园中选出。

②**品种特征特性** 树势强健，树冠圆头形。单果重150～180克。果皮薄，厚度为0.3厘米左右。果色橙红，果形整齐。果实可食率为79.2%，果汁率为57.1%，可溶性固形物含量为12%～13%，糖含量为9～10.5克/100毫升，酸含量为0.9～1.0克/100毫升。果实少核，单果一般有种子3～6粒，有的无核。肉质细嫩化渣，甜酸可口，品质上乘。果实于11月下旬成熟，若延迟至12月份采收，则品质更佳。鲜食和加工橙汁皆宜，是目前推广发展的品种。

③**适应性及适栽区域** 铜水72-1锦橙适宜在中亚热带气候区种植，尤其适宜在长江中上游沿岸年平均气温18℃左右的地域种植。

④**栽培技术要点及注意事项** 以枳作砧木，早结果、早丰产，枳砧5年生树每667平方米产量可达1300千克，9年生树每667平方米产量可达3000千克。其整形修剪、肥水管理、保花保果等与锦橙同。

⑤**供种单位** 重庆市铜梁县农业局,中国农业科学院柑橘研究所等单位。

(5)渝津橙

①**品种来历** 渝津橙(彩图 4-10,彩图 4-11),原为 78-1 锦橙。于 1978 年从四川江津的锦橙果园中选出。经多年鉴定,其遗传性稳定。

②**品种特征特性** 树势健壮,树冠圆头形,发枝力强。果实椭圆形或长椭圆形,整齐。平均单果重 180 克左右,大的可达 250 克以上。果色橙红,皮薄,厚 0.3 厘米,包着紧,果心较小。果实可食率为 73% ~ 75%,果汁率为 50% 以上,可溶性固形物含量为 11% ~ 13.5%,糖含量为 8.5 ~ 10.5 克/100 毫升,酸含量为 0.8 ~ 1.0 克/100 毫升。肉质细嫩化渣,甜酸可口,具微香。果实鲜销与加工皆宜。种子少,单果有种子 3 ~ 4 粒。果实于 11 月中下旬成熟,耐贮运。丰产稳产,结果早。

③**适应性及适栽区域** 选自锦橙原产地,凡适栽锦橙之地均可种植。

④**栽培技术要点及注意事项** 与锦橙栽培技术相同。

⑤**供种单位** 重庆市江津市农业局果树站,重庆市果树研究所等单位。

(6)447 锦橙

①**品种来历** 447 锦橙(彩图 4-12,彩图 4-13),又名北碚 447 锦橙和北碚无核锦橙。1980 年选自重庆市北碚区歇马乡板栗湾锦橙园,系锦橙的芽变优系。

②**品种特征特性** 树势强,树形同锦橙。果实椭圆形,平均单果重 183 克。色橙红,果皮光滑,较薄,厚度为 0.3 厘米左右。果实可食率为 82.2%,果汁率为 52.2%,可溶性固形物含量为 11% ~ 13%,糖含量为 8.5 ~ 9.5 克/100 毫升,酸含量为 0.9 ~ 1.0 克/100 毫升。果肉细嫩化渣,甜酸适口。单果有种子 1 粒以下。

果实于11月上旬成熟,比锦橙早10天左右。10月中下旬转为橙色,11月上旬固酸比(可溶性固形物与酸含量之比)可达9:1以上,糖酸比(糖含量与酸含量之比)可接近8:1。

③**适应性及适栽区域** 同锦橙。是目前推广的品种。

④**栽培技术要点及注意事项** 以枳作砧木的,易早结果、丰产。其3年生树株产量为3.5千克,5年生树株产量为12千克,最高株产量可达18千克。成年树株产量可达75千克。栽培技术与锦橙同。

⑤**供种单位** 中国农业科学院柑橘研究所,重庆光陵良种苗木科技发展有限公司等单位。

(7)梨 橙

①**品种来历** 梨橙(彩图4-14,彩图4-15),又名梨橙2号。1973年选自四川省巴县(现为重庆市巴南区)园艺场锦橙园,系锦橙的芽变优系,现已经省(市)品种审定。

②**品种特征特性** 树势强,树冠圆头形,枝梢中等。果实大,一般单果重225克,果实长椭圆形或长倒卵形,果色橙至橙红,果皮光滑,较薄,厚0.3~0.4厘米。可食率在75%以上,果汁率为54.5%,可溶性固形物含量为11%~13.5%,糖含量为8.5~10克/100毫升,酸含量为0.6~0.8克/100毫升。果肉细嫩化渣,甜酸适口。果实种子少或无,平均每果有种子2.5粒。品质优。果实于11月下旬至12月份成熟,耐贮性好,贮至翌年3~4月份,仍果汁丰富,风味尤可。

③**适应性及适栽区域** 适应性广,在重庆巴南等地种植较多,可适当发展。

④**栽培技术要点及注意事项** 宜用枳或红橘作砧木。以枳作砧木的,结果早,早丰产,但易感染裂皮病。以红橘为砧木的,结果比枳砧晚2年左右,但不感染裂皮病,且中后期丰产稳产。栽培时,要注意种植脱毒苗,其余栽培技术同锦橙栽培。

⑤**供种单位** 重庆光陵良种苗木科技发展有限公司，中国农业科学院柑橘研究所，重庆市果树研究所，重庆市园艺中心等单位。

(8)晚锦橙

①**品种来历** 晚锦橙（彩图4-16），1973年选自四川省泸州市园科所，系锦橙的芽变优系。

②**品种特征特性** 晚锦橙的树性、果形与锦橙几乎无区别。其主要特点，是成熟期晚。普通锦橙在11月中下旬成熟，而晚锦橙却在12月初开始褪绿，到次年1月初显橙色，2月中旬至3月上旬为其采收最适期。果实品质也优良，风味与锦橙相似。惟肉质稍粗，渣稍多，种子稍多，一般每果有10粒左右。

③**适应性及适栽区域** 适应性广，与锦橙相似。惟果实需挂树越冬，要求在热量条件好，极端低温为－3℃以上的地域种植。

④**栽培技术要点及注意事项** 与锦橙相同，惟其晚熟，果实挂树时间较长，故应加强肥水管理，以达到丰产稳产。

⑤**供种单位** 中国农业科学院柑橘研究所，四川省泸州市园艺场等单位。

(9)兴山101号锦橙

①**品种来历** 兴山101号锦橙（彩图4-17，彩图4-18），1972年选自湖北省兴山县高阳镇大河村锦橙园101号单株。该单株1969年引自中国农业科学院柑橘研究所。经长期观察，兴山101号锦橙为锦橙的芽变优系。

②**品种特征特性** 树势强健，树冠较紧凑。果实长椭圆形，较大，单果重180～190克，大的可达200克以上。果形整齐，果色橙红、鲜艳。果实可食率为73%～75%，果汁率为54%，可溶性固形物含量为13%～14%，糖含量为11.7克/100毫升，酸含量为0.7～0.8克/100毫升。果实种子少，单果一般有种子3～4粒。肉质细嫩化渣，甜酸适口，品质优。果实于11月下旬成熟，耐贮性好。

③**适应性及适栽区域**　与锦橙同,抗性强,适应性广。

④**栽培技术要点及注意事项**　可用枳或红橘作砧木。以枳为砧者结果早,3年生树始花结果。成年树一般株产量为25~40千克,高的可达97~102千克。栽培管理同锦橙。

⑤**供种单位**　湖北省兴山县农业局特产站,湖北省兴山县夏橙研究所等单位。

(二)先锋橙

1. 品种来历

先锋橙(彩图4-19,彩图4-20),又名鹅蛋柑20号、S_{20}。原产于四川江津(现重庆江津)先锋乡的普通甜橙果园。

2. 品种特征特性

树势、树性与锦橙基本相同。但枝条比锦橙稍硬,小刺稍多。果实的外形、风味、质地虽与锦橙均相似,但也不尽相同。果实的主要区别见表4-1。

表4-1　先锋橙与锦橙果实性状比较

项　目	先锋橙	锦　橙
果　形	短倒卵形或短椭圆形	长椭圆形
大　小	略　小	较　大
颜　色	橙红色稍浅	橙　红
果　顶	稍　宽	稍　窄
果　蒂	平或微凸,少数微凹	微凹或平
柱　痕	较　大	较　小
油　胞	大小相同,凸	中等大,较均匀,微凸
风　味	酸甜、味浓、有香气	酸甜、味浓、微有香气
种　子	较多,8粒以上	较少,8粒左右
耐贮性	强、贮后不易枯水	强,但久贮后果蒂部易枯水

先锋橙单果重150克左右，可食率为75%，果汁率为49%，可溶性固形物含量为12%以上，糖含量为9～10克/100毫升，酸含量为1克/100毫升。果汁橙黄，组织均匀，有原果香，无异味。果实外形不如锦橙美观，但耐贮性胜于锦橙。

3. 适应性及适栽区域

先锋橙的适应性及适栽区域与锦橙相同。

4. 栽培技术要点及注意事项

先锋橙的栽培技术要点与锦橙相同，栽培管理中的注意事项，也基本一样。

5. 供种单位

重庆市果树研究所，重庆江津市农业局果树站，中国农业科学院柑橘研究所等单位。

（三）夏橙及其优系

以伏令夏橙为主的夏橙，是世界上栽培面积最大、产量最多的甜橙品种。其中以美国栽培最多。

1. 伏令夏橙

(1)品种来历 伏令夏橙(彩图4-21)，原产于美国。我国于20世纪30年代首次引进。后不断从国外引进，并自行选育了不少优系。

(2)品种特征特性 树势强，树冠高大，自然圆头形。枝梢粗壮，具小刺。叶片长卵形，较肥厚。果实圆球形或短椭圆形，中等大，单果重140～180克。果皮中等厚，为橙色或橙红色。果实品质较好，肉质柔软，较不化渣，但甜酸适口。可食率为70%左右，果汁率为40%～48%，糖含量为9～10克/100毫升，酸含量为1～1.2克/100毫升，可溶性固形物含量为11%～13%。丰产稳产，果实于翌年4月底、5月初成熟。伏令夏橙既适鲜食，又是加工果汁的晚熟甜橙品种。

(3)适应性及适栽区域 伏令夏橙适应性广,世界生产柑橘的多数国家都生产夏橙。由于伏令夏橙果实必须挂树越冬,因此,对热量条件要求较高。如果冬季温度不足,则易造成落果减产。故最适年平均气温在 18℃～22℃,≥10℃的年活动积温为 5 800℃～7 700℃,1 月份均温为 10℃～13℃,极端低温 > －3℃,年降水量为 1 200毫米,年日照 1 500 小时以上。伏令夏橙在冬暖夏凉的湖区、库区和沿江两岸种植,更显优质丰产。

在我国重庆、四川、广东和广西等省(市、自治区),伏令夏橙产量较高,云南、贵州、福建、湖北、江西和浙江等省,对伏令夏橙有少量种植或试种。

(4)栽培技术要点及注意事项

①**选好园地,加强管理** 伏令夏橙性喜温暖,畏严寒,宜选背风向阳,有山林作屏障或在大水体附近的环境建园。鉴于果实挂果期长,为便于管理,园地以集中成片为好,不宜零星分散。伏令夏橙对土壤的适应性较广,山地、丘陵、平坝均可种植,但因夏橙花量特别多,挂果期长,又花果重叠,树体营养消耗多,故对肥水条件要求较高,必须加强肥水管理,以达丰产稳产的目的。施肥要比锦橙略多。春肥以氮肥为主,夏季根外追肥施氮、磷、钾及微肥。秋季施有机肥或绿肥配合磷、钾肥。冬季施腐熟有机肥。这样,既可增加肥效,又可促地温提高,有利于果实挂树越冬。其施肥量为:成年结果树单株年施肥 4 次,施肥量折合纯氮 1～1.3 千克,磷(P_2O_5)0.5～0.6 千克,钾(K_2O)1～1.2 千克。

②**抑花促梢,控梢稳果** 鉴于伏令夏橙的花量大,11～12 月份应根据树势情况,按枝梢类型作疏、短、缩修剪,以控制花量,促进春梢,增强花质,提高着果率。也可在 11 月中下旬喷布浓度为 200 毫克/千克的赤霉素液抑花促梢。如夏梢盛发,则加剧生理落果,故应在萌发初期进行人工抹除,以控梢保果。此外,花蕾开始

至第二次生理落果结束前，可喷布硼、锌(缺素时)肥液加尿素和磷酸二氢钾以及浓度为40～50毫克/千克的赤霉素液(或浓度为8～10毫克/千克的2,4-D液)，隔10天一次，连喷2～3次，可有效减轻落花落果。

③**冬季防落果，开春防回青** 当旬温下降至10℃以下时，伏令夏橙落果会大量增加。通常，在低温来临前的11月上中旬，开始喷布浓度为30～50毫克/千克的2,4-D药液，连续喷2～3次，有良好的防落效果。冬季，采取综合保果措施，效果更好。如10月上旬株施菜籽饼2千克，过磷酸钙2千克，尿素0.25千克，粪水40～50千克；11月初，灌水后用地膜覆盖树盘，给树冠喷布2,4-D加尿素液4次，时间分别在11月3日、12月3日、翌年1月3日和1月23日，2,4-D浓度分别为25毫克/千克、50毫克/千克、75毫克/千克和25毫克/千克，尿素浓度为0.5%。3月份采收时，处理的平均落果率为9.2%，而对照的落果率则高达42.8%，效果显著。

挂树的夏橙果实，一旦开春气温回升，橙黄的色泽会回青转绿。这时采用套袋和采后低温贮藏等措施，有一定效果。

④**园地覆盖，保水增温** 花期和果实膨大期，在园地覆盖杂草、秸秆和地膜等，能提高0～20厘米土层的温度1℃～4.5℃，提高土壤含水量7.6%～9.3%，可显著提高着果率。

以枳作砧木的夏橙，抗脚腐病和流胶病，耐涝抗旱，抗寒；能早结果，做到优质丰产和稳产。

(5)供种单位 中国农业科学院柑橘研究所，重庆市长寿区夏橙研究所，四川省江安县夏橙研究所及其他柑橘供种单位。

2. 夏橙优系

(1)奥灵达夏橙

①**品种来历** 奥灵达夏橙(彩图4-22，彩图4-23)，1939年美国加利福尼亚州从夏橙的实生苗中选出的变异优系，我国有引进和

种植。

②**品种特征特性** 树势强健。果实圆球形,单果重150克左右。果色橙红,果皮较光滑。果肉细嫩,较化渣,甜酸适口,有微香。单果平均有种子4~5粒。品质较好,产量较高,为鲜食和加工橙汁兼用品种,是目前推广的晚熟品种之一。

③**适应性及适栽区域** 与伏令夏橙相同。

④**栽培技术要点及注意事项** 同伏令夏橙栽培技术。

⑤**供种单位** 中国农业科学院柑橘研究所,重庆市果树研究所,重庆市长寿区夏橙研究所及其他柑橘供种单位。

(2)康倍尔夏橙

①**品种来历** 康倍尔夏橙(彩图4-24),原产于美国加利福尼亚州。1942年选出,1952年推广,可能是伏令夏橙的珠心系。1980年引入我国。

②**品种特征特性** 树势强,多刺,但丰产。品质与伏令夏橙无多大差别。

③**适应性及适栽区域** 同伏令夏橙。

④**栽培技术要点及注意事项** 同伏令夏橙。

⑤**供种单位** 同奥灵达夏橙。

(3)卡特夏橙

①**品种来历** 卡特夏橙(彩图4-25),原产于美国,为伏令夏橙的珠心系。1935年选出,1957年推广,1978年、1980年我国两次将其引入国内。

②**品种特征特性** 树势强,枝梢多刺。结果稍迟,但丰产性好。

③**适应性及适栽区域** 同伏令夏橙。

④**栽培技术要点及注意事项** 同伏令夏橙。

⑤**供种单位** 同奥灵达夏橙。

(4)福罗斯特夏橙

①**品种来历** 福罗斯特夏橙(彩图4-26),原产于美国,为伏令夏橙最早的珠心系,于1919年选出,1952年推广。1965年,我国将其从摩洛哥引入国内,故又称摩洛哥新生系夏橙。

②**品种特征特性** 树势强,较丰产稳产。果肉较细嫩化渣,品质较好,是鲜食和加工橙汁的兼用品种。

③**适应性及适栽区域** 同伏令夏橙。

④**栽培技术要点及注意事项** 同伏令夏橙。

⑤**供种单位** 同奥灵达夏橙。

(5)阿尔及利亚夏橙(阿夏)

①**品种来历** 该品种原产于阿尔及利亚。1972年我国从阿尔及利亚引入,经多年试种观察,表现优质和丰产。

②**品种特征特性** 树势旺盛,枝梢粗壮,叶色浓绿。果实圆球形至短椭圆形,果皮粗,色泽橙黄至橙红。果肉细嫩,较化渣,果汁较多,甜酸适口。可溶性固形物含量为11%~13%,糖含量为10.2克/100毫升,酸含量为1~1.1克/100毫升。少核,每果有种子3~6粒。果实于4月底至5月初成熟,系鲜食、加工橙汁的兼用品种。

③**适应性及适栽区域** 同伏令夏橙。

④**栽培技术要点及注意事项** 同伏令夏橙。

⑤**供种单位** 同奥灵达夏橙。

(6)德尔塔夏橙

①**品种来历** 德尔塔夏橙(彩图4-27),原产于南非,20世纪末,我国从美国将其引入,现已试种,是有希望的晚熟甜橙品种。

②**品种特征特性** 树势健壮,枝梢强旺。果实大,单果重200克以上。以内膛结果为主。果实椭圆形,果皮光滑,橙红色,无核。糖含量比伏令夏橙稍低。成熟期较伏令夏橙早1~3周。

③**适应性及适栽区域** 同伏令夏橙。

④**栽培技术要点及注意事项** 同伏令夏橙。

⑤**供种单位** 中国农业科学院柑橘研究所，重庆市北碚柑橘良种场及其他柑橘供种单位。

(7)蜜奈夏橙

①**品种来历** 蜜奈夏橙(彩图4-28)，原产于南非，系伏令夏橙的芽变。我国在20世纪末有引入，试种表现良好。

②**品种特征特性** 树势强旺。果实短椭圆形，较大，果皮光滑。出汁率高，风味好，是鲜食和加工橙汁的兼用品种。果实比伏令夏橙早熟2~4周，是有希望的晚熟甜橙品种。

③**适应性及适栽区域** 同伏令夏橙品种。

④**栽培技术要点及注意事项** 同伏令夏橙栽培技术。

⑤**供种单位** 同德尔塔品种。

(四)哈姆林甜橙

1. 品种来历

哈姆林甜橙(彩图4-29，彩图4-30)，原产于美国，为世界早熟的甜橙，既适鲜食，更宜加工橙汁。1965年，我国从摩洛哥引入该品种，后又数次从美国、意大利引入该品种，种植后表现优质丰产。

2. 品种特征特性

树势强，树冠圆头形。枝条具小刺，叶片长椭圆形。果实圆球形或椭圆形，中等大，单果重120~140克。果皮薄，光滑，色泽橙红。果肉脆嫩而甜，具芳香气味。可食率为70%~75%，果汁率为50%以上，糖含量为9~11克/100毫升，酸含量为0.6~0.7克/100毫升，可溶性固形物含量为11%~14%。种子少，单果有种子5~7粒。早熟，丰产稳产。果实于10月底至11月初可采收，果实较耐贮藏。

3. 适应性及适栽区域

哈姆林甜橙适应性广，在我国中、南亚热带气候区均可种植。最适的生态条件是：年均气温为17℃～22℃，≥10℃的年活动积温为5 000℃～7 700℃，一月份均温为6℃～13℃，极端低温>－3℃，年降水量为1 000毫米，年日照1 200小时以上。土壤微酸性至中性。哈姆林甜橙在四川、重庆、湖南、福建和浙江南部种植，表现良好。

4. 栽培技术要点及注意事项

(1) 选择园地和砧木 哈姆林甜橙在坡地和平地都可种植。坡地种植时，坡度应<15°，并建等高梯地，以防水土流失。平地果园，地下水位不宜过高，至少1米以下。砧木以枳为宜。管理到位，3年生植株不采取任何促花措施，即可始花结果。以红橘作砧的根深，长势较旺，进入结果比枳砧晚2～3年，但后期丰产。

(2) 培养丰产树冠 树形以自然圆头形为宜，干高30～40厘米，且均匀配置3～4个主枝，分枝角为50°左右。每个主枝上配置1～3个副主枝，分枝角为60°～70°。使培养成的骨干枝分布均匀，细枝多，结构紧凑，形成丰产型树形。

(3) 合理修剪促丰产 在冬季，针对不同树龄、树势的植株，作疏剪、短截和回缩。对未结果的幼树，以短截为主，尽快促其扩大树冠，挂果投产。进入结果期后，以疏剪、短截相结合，既能促进树冠继续扩大，又能使树体尽快进入盛果期。进入盛果期后，要以疏剪为主，辅以短截，使其营养生长和生殖生长尽可能保持平衡。对已进入衰老期的树体，可回缩和短截相结合，促其更新。对幼树，要剪除扰乱树形的交叉枝和徒长枝。对结果的成年树，因为结果相应减弱了树体营养生长，故枝条一般采取留强去弱的修剪原则，对过密枝、枯枝、病虫枝、纤弱枝和下垂枝，均应剪除。对基部抽发的徒长枝，除位置适宜，可作填空树冠枝组的以外，其余均应及时剪除。

夏季修剪,也有采用抹芽放梢方法的,抹除夏梢,齐放秋梢,以便培养良好的结果母枝。

(4)搞好土肥水管理 土壤要求疏松、深厚、肥沃和显微酸性。在紫色土和红壤土中种植,种前要进行深翻压绿,借以提高土壤肥力,改善土壤理化性质和通透性。

哈姆林甜橙的肥水管理,与其他甜橙类的肥水管理大同小异。每年至少要施3次肥,即催花肥、壮果肥和采后肥。催花肥量的多少,要根据上年的挂果量而定,果多的大年多施,果少的小年少施。由于花量和着果数成明显的负相关,花量过大,畸形花多,着果率低。因此,壮果肥的量,应按树龄、树势和挂果量而定。采后肥,也可在采前1周施;采后肥对恢复树势和次年的产量影响很大,应以有机肥为主,配合磷、钾肥。结果多的要多施。

在有干旱的哈姆林甜橙产区,要及时灌水,一般在土层较薄的红壤荒坡地建立的果园,土壤含水量在18%以下时必须灌水。

(5)病虫害防治及其他 哈姆林甜橙的病虫害防治,与其他甜橙的病虫害防治大致相同。但对枳砧哈姆林甜橙,要注意裂皮病的防治。

5. 供种单位

中国农业科学院柑橘研究所及其他柑橘供种单位(见本书附录)。

(五)雪柑及其优系

1. 雪　柑

(1)品种来历 雪柑(彩图4-31,彩图4-32),原产于广东潮汕地区。在浙江衢州,雪柑也称广橘。广东、广西、台湾和浙江等省(自治区)栽培较多。

(2)品种特征特性 树冠圆头形,较开张,树势强健。枝梢有刺,叶片长卵形或卵状椭圆形,叶基较宽。果实圆球形或短椭圆形,两端对称,较大,单果重150~180克。果色橙黄,果皮稍厚。肉质脆嫩,化渣,可食率为65%~75%,果汁率为46%~50%,可溶性固形物含量为11%~13%,糖含量为9~10克/100毫升,酸含量为0.9克/100毫升。品质佳。每果有种子10粒左右。果实于11月下旬成熟,丰产稳产。

(3)适应性及适栽区域 雪柑适应性较广,它要求的最适生态条件是:年平均气温为18℃~22℃,1月份平均温度为9℃~13℃,≥10℃的年活动积温为6 000℃~7 700℃,极端低温高于-3℃~-1℃,年降水量1 000毫米以上,年日照1 200小时以上。雪柑在中、南亚热带区的山地和平原均可种植。

(4)栽培技术要点及注意事项 雪柑可用枳、酸橘、红檬檬等作砧木,但以枳作砧木的能早结果和丰产。雪柑种子较多,宜选少核的品系种植。其他栽培技术与甜橙的栽培技术大同小异。

(5)供种单位 中国农业科学院柑橘研究所及其他柑橘供种单位(见本书附录)。

2.雪柑优系

(1)无核(或少核)雪柑

①**品种来历** 无核(或少核)雪柑(彩图4-33),系1981年由中国农业科学院柑橘研究所,用^{60}Co-γ射线辐照雪柑珠心系结果树的芽变芽条,经选优鉴定选得的无核突变优系。

②**品种特征特性** 树势强健。树冠圆头形,较开张,枝梢有小刺。果实长椭圆形或短椭圆形。果色橙红,油胞大而突出。果实大,单果平均重230克左右。果实品质较好,果肉柔嫩多汁,可溶性固形物含量为11%~13%,糖含量为9~10克/100毫升,酸含量为0.8~0.9克/100毫升,果汁率为55%,可食率为70%以上。单果有种子0~2粒。无核(或少核)雪柑丰产。8年生枳砧无核

(或少核)雪柑,平均株产约40千克,最高的达66千克。果实于11月中下旬成熟,较耐贮藏。

③**适应性及适栽区域**　同雪柑。

④**栽培技术要点及注意事项**　无核(或少核)雪柑,适应性较广,可用枳作砧木。在华南各省(自治区),宜选用酸橘作砧木。其他栽培措施,与雪柑相同。

⑤**供种单位**　中国农业科学院柑橘研究所。

(2)零号雪柑

①**品种来历**　零号雪柑(彩图4-34),1972年选自广东汕头地区国营万山红农场千果园管区。

②**品种特征特性**　树体健旺,树冠圆头形。果实椭圆形或圆球形,中等大,平均单果重107克左右。果色橙黄,鲜艳有光泽,果皮中厚。可食率为72%,糖含量为10.1克/100毫升,酸含量为1.1克/100毫升,可溶性固形物含量为12.5%。果肉橙黄,肉质细嫩化渣,汁多,有香气,风味佳,品质上等。果实早熟,于10月下旬至11月初可采收。零号雪柑容易栽培,抗逆性强,早结果,丰产稳产,早熟。惟种子偏多,单果有种子10粒以上,有待改进。

③**适应性及适栽区域**　同雪柑。

④**栽培技术要点及注意事项**　同雪柑栽培技术。

⑤**供种单位**　广东省汕头市万山红农场。

(六)大红甜橙

1. 品种来历

大红甜橙(彩图4-35),别名红皮橙。原产于湖南黔阳,湖南湘西地区栽培较多。系优良的地方甜橙品种。是从当地普通甜橙中选出的红色变异优系。

2. 品种特征特性

树势中等,树形较矮小,枝梢细软。果实圆球形或椭圆形。果皮橙红色,果面光滑,果心充实,单果重140~150克。果肉柔嫩,汁多化渣,甜酸适口。可溶性固形物含量为11%~12.5%,酸含量为0.6克/100毫升。单果有种子5~10粒。果实于11月中旬成熟,极耐贮藏。

3. 适应性及适栽区域

适应性较广,尤适湖南红黄壤地区栽培。

4. 栽培技术要点及注意事项

大红甜橙的栽培技术要点,以及栽培注意事项,均与哈姆林甜橙相同。

5. 供种单位

中国农业科学院柑橘研究所,湖南省黔阳县农业局及其他柑橘供种单位(见本书附录)。

(七)改良橙

1. 品种来历

改良橙(彩图4-36,彩图4-37,彩图4-38),原产于福建龙溪地区,可能是柳橙和福橘偶然发生的嵌合体。在广东叫红肉橙,浙江称漳州橙。广东廉江农场选出红肉型称红江橙。

2. 品种特征特性

树势旺盛、健壮,树冠圆头形,树姿半开张。枝条细而密生,夏、秋梢上有短刺。果实球形,中等大或稍小,单果重120克左右。果顶部多数有明显环纹,果面橙色或橙红色,稍显粗糙。果肉有红、黄或红黄相间三种类型(红肉类型为红江橙,选自广东廉江红江农场)。红肉型肉质细嫩多汁,甜酸适口。黄肉型肉质脆嫩汁少,味浓甜,稍不化渣,香气浓。糖含量为10~11克/100毫升,酸含量为0.9~1.1克/100毫升,可溶性固形物含量为12%~

13.5%。单果有种子10粒左右。果实于11月下旬至12月上旬成熟。

3. 适应性及适栽区域

改良橙适应性广,抗逆性强,耐粗放。它对肥水要求不高,即使是旱瘠的丘陵山地,也可栽培。尤其适宜于华南红黄壤丘陵山地栽培。

4. 栽培技术要点及注意事项

改良橙果实较小,结果多时应注意疏果。其他栽培措施同哈姆林甜橙栽培。

5. 供种单位

中国农业科学院柑橘研究所,广东省廉江市红江农场及其他柑橘供种单位(见本书附录)。

二、无酸甜橙

酸含量低,口感甜而不酸的甜橙,称无酸甜橙或糖橙。

(一)暗柳橙及其优系

1. 暗柳橙

(1)品种来历 暗柳橙(彩图4-39,彩图4-40),是柳橙中的一种,其优质、丰产性状超过其他类型。原产于广东省新会县及广州郊区。

(2)品种特性 树冠半圆形,较开张,树势中等,叶片长椭圆形,基部狭楔形。果实长圆形或卵圆形,中大,单果重120~160克。果顶圆,多数有明显的印环(圈)。果皮厚0.3厘米左右,果色橙黄。果实味甜,糖含量为9~10克/100毫升,酸含量为0.5~0.7克/100毫升,可溶性固形物含量在13%以上,可食率为65%,果汁

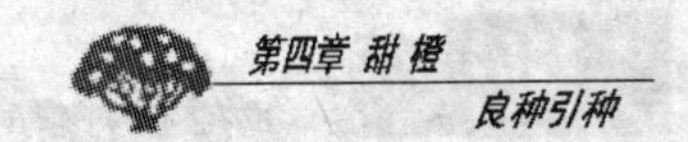

率为40%～45%。品质佳。单果有种子9～12粒。果实于11月下旬至12月上旬成熟，较不耐贮藏。

(3)适应性及适栽区域 暗柳橙适宜在年平均温度为19℃～23℃，≥10℃的年活动积温为6 500℃～8 300℃，一月份平均气温为10℃～15℃，极端低温>－1℃，年降水量为1 600～1 800毫米，年日照1 200小时以上地区的微酸性的疏松肥沃土壤上栽培。最适栽的地区是我国华南的南亚热带地区。

(4)栽培技术要点及注意事项

①**砧穗亲和性要良好** 暗柳橙以枳为砧木，砧穗不亲和，表现早期(甚至苗期)黄化。适宜的砧木是酸橘和红檬檬。暗柳橙以酸橘为砧木，生长慢，枝条充实而较短，寿命长，但结果较迟；以红檬檬为砧木，生长快，枝条粗壮而长，早结果，早丰产，但寿命较短。可根据栽植密度和地形、地势确定砧木。

②**园土要深厚** 园地宜选择土质疏松，排水良好，富含有机质，地下水位低和微酸性的土壤。

③**要培养丰产、稳产树冠** 经验表明，丰产、稳产的树冠应是谷堆状树形。其特点是矮干，多主枝，各级枝条多而短，且分布均匀，结构紧凑而疏密适度。树冠下部大，上部略小，内部枝叶均匀，外部稍疏。叶片多，叶绿层厚。树冠内外均匀挂果，能充分发挥主体结果优势。为此，幼树应通过抹芽放梢和拉枝整形，培养丰产型树冠，结果后需进行夏剪和冬剪。夏剪从春梢停止生长后开始，用抹芽和摘心等方法，达到稳果和促发健壮秋梢的目的。对初结果树，由于其负担尽快形成丰产树冠和尽快进入盛果期的双重任务，因此，除应继续培养其树冠外，还要适当控制其营养生长。夏梢在1～3厘米前抹除，3～5天抹一次，直到秋梢发芽整齐，放出秋梢为止。还要剪去病虫枝、枯枝、纤细枝和密生枝等。对已进入盛果期的成年树，因其已进入营养生长和生殖生长的平衡阶段，修剪主要是维持其平衡，使丰产期尽可能延长。所以，修剪时应去弱留强

(旺长树去强留弱),排匀枝条。从树冠看,盛果期树应小空、大丰满,左右不挤,上下不重叠,枝叶繁茂,通风透光,形成立体结果的树形。同时要注意剪除枯枝、病虫枝、交叉枝、荫蔽枝和衰老枝,回缩衰退枝序。对树势已衰弱的植株,因其衰弱枝多,发枝力又弱,故应采用疏剪与短截相结合、适当重剪的方法,对枝序进行更新。对大年树,即去年结果少,今年结果多的树,修剪宜轻,以疏剪为主,短截为辅,通过修剪达到控制花量,缩小大小年结果的差异。

④**要合理施肥,使之早结丰产** 暗柳橙施肥量的确定,要考虑结果量、土壤肥力、肥料性质和气候等多种因素的影响。5 年生暗柳橙 667 平方米(栽 90 株)产量为 5 000 千克(广州市郊萝岗乡大朗一村)园地的施肥量是,每株施土杂肥 50 千克,花生饼 5 千克,过磷酸钙 2 千克,尿素 0.4 千克。

⑤**要防治好病虫害** 重视黄龙病、溃疡病的防治,一经发现,应立即挖除病树。

(5)供种单位 中国农业科学院柑橘研究所,广东省农业科学院果树研究所,以及其他柑橘供种单位(见本书附录)。

2. 暗柳橙优系

(1)丰彩暗柳橙

①**品种来历** 丰彩暗柳橙(彩图 4-41,彩图 4-42),是 1987 年广东省审定的新品种。系广东省农业科学院果树研究所与广东杨村柑橘场,从暗柳橙的实生后代中选出。目前,在惠州、东莞、广州和梅州等地有栽培。

②**品种特征特性** 树势强,树冠丰满。果实圆形或近圆形,果顶有印圈。平均单果重 145 克左右,有种子 13~15 粒。果实糖含量为 10.8 克/100 毫升,酸含量为 0.9 克/100 毫升。风味浓郁,品质佳。其果实因酸含量较高而耐贮藏。

③**适应性及适栽区域** 适应性强,尤适华南山地栽培。

④**栽培技术要点及注意事项** 同暗柳橙栽培技术。

⑤**供种单位** 广东杨村柑橘场，广东省农业科学院果树研究所等单位。

(2)无籽丰彩暗柳橙

①**品种来历** 无籽丰彩暗柳橙(彩图4-43，彩图4-44)，系广东省农科院果树研究所育成的新株系。

②**品种特征特性** 无核，其余性状与丰彩暗柳橙相似，惟产量不如丰彩暗柳橙高。

③**适应性及适栽区域** 与暗柳橙相同。

④**栽培技术要点及注意事项** 与暗柳橙栽培技术相似。

⑤**供种单位** 广东省农科院果树研究所等。

(二)新会橙及其优系

1. 新会橙

(1)品种来历 新会橙(彩图4-45，彩图4-46)，又名滑身仔，滑身橙。原产于广东省新会县，在广州近郊、广西、福建南部栽培较多。

(2)品种特征特性 树冠半圆形，较开张，树势中等。果实短椭圆形，单果重110~120克。果色橙黄，果皮光滑，果皮厚0.3厘米左右。果实可食率为65%以上，果汁率为45%左右，可溶性固形物含量为13%~16%，糖含量为10.5~13克/100毫升，酸含量为0.5~0.6克/100毫升。单果有种子6~8粒。味清甜，品质佳。果实于11月中下旬成熟；丰产稳产。

(3)适应性及适栽区域 与暗柳橙相同。

(4)栽培技术要点及注意事项 同暗柳橙栽培技术。

(5)供种单位 中国农业科学院柑橘研究所，广东省农业科学院果树研究所，以及其他柑橘供种单位(见本书附录)。

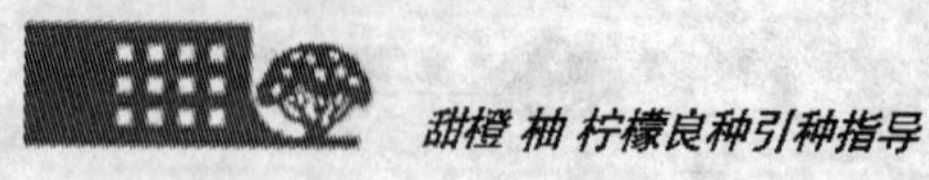

2. 新会橙优系

(1)无核(或少核)新会橙

①**品种来历** 无核(或少核)新会橙(彩图4-47,彩图4-48),系中国农业科学院柑橘研究所选育而成。它是用γ射线、电子束辐照新会橙珠心系结果树的芽变,从中选出的少核、无核变异优系。

②**品种特征特性** 树势中等,树冠半圆形,较开张。果实圆球形或短椭圆形,色泽橙黄。果顶有印环,果皮较薄,光滑。单果重140～160克。果肉脆嫩、化渣,汁较多,味清甜,清香。可溶性固形物含量为13%～14%,糖含量为11.8克/100毫升,酸含量为0.9克/100毫升,可食率为75.4%,果汁率为50%以上,单果平均有种子0～3粒。

③**适应性及适栽区域** 适应性强,凡适栽甜橙的区域均可种植无核(少核)新会橙。在中亚热带地区,可以用红橘作砧木;在南亚热带区,用酸橘和红檬檬作砧木,可以丰产稳产。

④**栽培技术要点及注意事项** 同新会橙的栽培技术。

⑤**供种单位** 中国农业科学院柑橘研究所。

(2)早蜜橙

①**品种来历** 早蜜橙(彩图4-49,彩图4-50),1980年由广东省华侨杨村柑橘场发现的株系,是新会甜橙和南丰蜜橘的嫁接嵌合体。

②**品种特征特性** 树势中等,树冠圆头形。有橙形红肉果、黄肉果、红黄肉嵌合果等果型。橙形红肉果果实近圆形,果顶有明显的印圈;单果重105～144克;可溶性固形物含量为12.4%,酸含量为0.7克/100毫升;单果有种子0～14粒;10月份果皮未转黄时果肉已转红色,果实于11月上旬成熟。早蜜橙肉质细嫩化渣,汁多,品质上等,早熟,丰产性好,不易裂果。

③**适应性及适栽区域** 早蜜橙的适应性及适宜栽培区域,与新会橙品种相同。

④**栽培技术要点及注意事项** 在新会橙各类型中，橙形红肉果丰产，品质优，应作为首选。其他栽培技术，同新会橙栽培。

⑤**供种单位** 广东省华侨杨村柑橘场。

(三)冰糖橙及其优系

1. 冰糖橙

(1)品种来历 冰糖橙(彩图4-51，彩图4-52)，原产于湖南黔阳，系当地普通甜橙的芽变优良品种。

(2)品种特征特性 树冠圆头形，开张，树势中等。枝条细长而直立。叶片较大，长椭圆形。果实圆球形或短椭圆形，中等大，单果重130克左右。果皮光滑，厚0.3厘米左右。果肉浓甜脆嫩、化渣。可食率为75%，果汁率为55%～58%，可溶性固形物含量为13%～15%，糖含量为10～12.5克/100毫升，酸含量为0.3～0.5克/100毫升，少核。果实于11月下旬成熟。

(3)适应性及适栽区域 适应性较广，一般能栽甜橙的地方均可种植冰糖橙，以湖南、云南等地栽培的冰糖橙，表现丰产优质性状明显。

(4)栽培技术要点及注意事项 栽培技术与哈姆林甜橙相似；以枳为砧木者，结果早，丰产，5～6年生树667平方米产量为1 500千克。

(5)供种单位 中国农业科学院柑橘研究所，湖南省黔阳县农业局，以及其他柑橘供种单位(见本书附录)。

2. 冰糖橙优系——早冰橙

(1)品种来历 早冰橙(彩图4-53)，是1981年由四川省农业科学院果树研究所(现重庆市果树研究所)从品种园早熟甜橙冰糖柑53－31中选出。

(2)品种特征特性 树势较健壮，与冰糖橙相似。果实圆球形,中等大。果皮橙红色,光滑,较薄。肉质细嫩化渣,汁多,有香气。单果有种子10粒以下。品质较好,糖含量为9克/100毫升,酸含量为0.6克/100毫升左右,可溶性固形物含量为11%。果实于11月上旬成熟。

(3)适应性及适栽区域 与冰糖橙相同。

(4)栽培技术要点及注意事项 同冰糖橙栽培技术。

(5)供种单位 重庆市果树研究所及其他柑橘供种单位(见本书附录)。

三、脐 橙

脐橙,因果顶有脐而得名。脐橙与普通甜橙不同。它一般具有以下性状:一是果顶有脐。整个脐包藏在果皮内部,只有顶端留一个花柱脱落后露出脐腔的为闭脐,有部分突出果皮的称开脐或露脐。脐橙内部除大囊瓣外,还有次生心皮发育而成的小囊瓣。二是无核。三是雄蕊退化,花粉败育,一般坐果率很低,产量也不很高。四是较易剥皮、分瓣,肉质脆嫩,味清甜。五是抗逆性较差。六是因花量大,栽培时要求比普通甜橙施更多的肥水。

脐橙在鲜食的甜橙中占的比例最大,品种众多。我国脐橙大多引自国外,现择其优新和主要品种简介如下:

(一)华盛顿脐橙

华盛顿脐橙(彩图4-54,彩图4-55),又名美国橙、抱子橘和花旗蜜橘,简称华脐。

1. 品种来历

华盛顿脐橙原产于南美的巴西,以美国为主栽。我国的华脐引自美国。

2. 品种特征特性

树冠半圆形或圆头形，树势较强，开张，大枝粗长，披垂。果实椭圆形或圆球形，基部较窄，先端膨大，脐较小，张开或闭合。果实大，单果重200克以上。果色橙红色，果面光滑，油胞平生或微凸。果皮厚薄不均，果顶部薄，近果蒂部厚。囊瓣肾形，10～12瓣，中心柱大而不规则，半充实或充实。肉质脆嫩，多汁，化渣，甜酸适中，富芳香。可食率为80%左右，果汁率为47%～49%，可溶性固形物含量为10.5%～14%，糖含量为9～11克/100毫升，酸含量为0.9～1克/100毫升，品质上乘。果实于11月下旬至12月上旬成熟。

3. 适应性及适栽区域

脐橙种植最适的生态条件是：年平均气温为18℃～19℃，≥10℃的年活动积温为6 200℃左右，极端低温高于－3℃，1月份均温为7℃左右，花期气温为19℃左右，空气相对湿度为62%～69%，年降水量为1 000毫米以上，年日照1 600小时，昼夜温差大，土层深厚，有机质丰富，微酸性的砂质壤土。我国以重庆市奉节为中心的三峡库区和江西赣南，均为华脐的最适生态区。

4. 栽培技术要点及注意事项

(1)适砧壮苗，合理密植 在酸性、中性土壤中，枳砧对华脐具有早结果和丰产等优点；但在碱性土壤中，则易黄化，而且易感染裂皮病，故以采用红橘作砧木为宜。

脐橙嫁接苗，苗木定干高度以20～40厘米为宜，有3个以上分枝，苗高70厘米，苗粗0.8厘米以上，每年秋季9～10月定植。在冬季有冻害的地区，可在春季(萌芽前)定植。脐橙在甜橙中较耐寒，喜光照，对湿度敏感，故园地宜选相对湿度较低，日照充足，土壤深厚肥沃的土地种植，密度以3米×4米，667平方米栽56株为宜。准备计划密植的，以2米×3米，667平方米栽112株为宜。

(2)增施肥料,适时灌溉 华脐花量大,消耗养分多,要求施入比其他甜橙更多的肥料;对水分敏感,应及时灌溉。

①增施肥料 肥料以有机肥为主,辅以化肥。施肥时,应根据树势和季节,各有侧重。对幼树,在定植后的第一二年,主要是促使其抽发春、夏、秋梢,尽快扩大树冠。每年施6~8次肥,要求勤施薄施,以氮肥为主,辅以少量磷、钾肥。在定植后第三年进入结果初期,应增加施肥量,减少施肥次数。对成年结果树,根据其结果习性,施肥量应各有侧重。

春梢肥:因华脐春梢抽发量大,且绝大部分为花枝,是一年生枝梢的基础,抽发整齐健壮,对当年的开花及产量有重大影响,故春梢肥要早施,在萌芽前2~3周施入,肥料以氮肥为主。

稳果肥:开花消耗了大量养分,谢花后叶片色泽变淡,此时正值果实幼胚发育和砂囊细胞的旺盛分裂时期,施肥可提高稳果率,时间在5月份进行,肥料以氮肥等有机肥为主;树势较弱的树也可结合治虫,用尿素和磷酸二氢钾进行叶面喷布。

壮果肥:一般7月份施入,此时正是果实迅速膨大,需要补足果实生长所需的养分,也是为了促发整齐健壮的秋梢。秋梢是良好的结果母枝,对第二年产量有很大影响,故以施重肥为宜。肥料种类应氮、磷、钾配合。

花芽肥:在9月份施下。此时,果实迅速膨大,花芽开始分化,又是根系第三次生长高峰期,施肥后可使树体积累充足的养分,为次年的开花作好准备。肥料应以磷、钾含量高的有机肥为主。

越冬肥:在11月份果实采收前施入。有利于因采果造成的伤口愈合和越冬。以有机肥为主。

施肥量,应根据树龄、树势而定。如重庆市三峡库区种植的华脐,其幼龄结果树全年施三次肥。花前催芽肥,占全年施肥量的25%;6月底7月初的壮果促梢肥,占全年施肥量的50%;采果前的壮树肥占全年施肥量的25%。每株每年施农家肥60~80千克,尿素0.3~0.5千克,复合肥或过磷酸钙0.5~1千克。成年结果树,每年施3~4次肥,催芽肥株施猪粪尿80~100千克,尿素0.5~0.75千克;保果肥花前喷0.2%硼砂,谢花3/4时用0.3%尿素加0.2%磷酸二氢钾作叶面喷施;壮果促梢肥,株施畜粪尿100千克,另加2千克草木灰;壮树肥在采果前施,株施农家肥100千克。同时,大力间种绿肥压青。

②**适时灌溉** 华脐在开花期和幼果期,对高温、干旱很敏感。尤其是5月份的高温,会导致叶片蒸腾作用增强,使叶片水分严重亏缺,若水分得不到补充,会引起大量幼果脱落。脐橙需水量比其他甜橙大,故在整个花期和幼果期,都应根据其需要进行灌水。有伏旱的地区,在7~8月份也应及时灌水。通过及时灌水,使华脐果园土壤相对持水量保持在60%以上。地下水位高的华脐园,应开好排水沟,使地下水位降到1~1.5米以下。

(3)保花保果,促进丰产 华脐花量大,坐果率低,尤其在不适宜的环境条件下种华脐,如不采取保花保果措施,就会经常出现“花开满树喜盈盈,遍地落果一场空”的情景。通常在第一次生理落果前(谢花后7天),用浓度为200~400毫克/千克的细胞激动素加浓度为100毫克/千克的GA_3(赤霉素)涂果,或用浓度为50~100毫克/千克的GA_3溶液,进行整株喷布保果效果良好。也可用鄂T_2保果剂保果。这既无副作用,又能兼治“脐黄”落果。常在谢花90%时,喷施一次浓度为20毫克/千克的鄂T_2溶液;在第二次生理落果前,用浓度为24毫克/千克的鄂T_2溶液作叶面喷施。

(4)整形修剪,防治病虫 幼树定植的第一、二年,主要是扩大树冠,有花蕾时宜予摘除。整形以摘心、抹芽为主,使树体成为矮干多主枝的自然圆头形。

进入结果期的树,采用疏除、短截和缩剪的手段进行修剪。修剪时间,以冬季为主,夏季为辅。疏去密弱枝,短截过强夏梢,促进抽发二次梢。

病虫害防治，要采取以防为主的方针，防早防好。尤其要做好对红蜘蛛、锈壁虱、潜叶蛾、介壳虫、炭疽病和流胶病等的防治。对枳砧的华脐，要注意裂皮病的防治；有溃疡病的华脐产区，要做好溃疡病的防治。

5. 供种单位

中国农业科学院柑橘研究所及其他柑橘供种单位（见本书附录）。

（二）罗伯逊脐橙

罗伯逊脐橙（彩图 4-56，彩图 4-57），又名鲁宾逊脐橙，简称罗脐。

1. 品种来历

罗伯逊脐橙原产于美国，系从华盛顿脐橙的芽变中选育而成。1938 年首次引入我国，后又陆续从美国等国引入。

2. 品种特征特性

罗伯逊脐橙树冠圆头形，树势较弱，矮化紧凑。树干和主枝上均有瘤状突起，枝扭曲，短而密，略披垂。果实倒锥状圆球形或倒卵形，较大，单果重 180 ~ 230 克。果实顶部浑圆或微凸，较光滑，果皮橙红色，油胞密，脐孔大，多闭合。中心柱较短小，半充实。果肉脆嫩，化渣，味较浓，具微香。果实可食率为 78.5%，果汁率为 40% ~ 47%，可溶性固形物含量为 11% ~ 13%，糖含量为 10.5 克/100 毫升，酸含量为 1 克/100 毫升，品质佳。果实于 11 月上中旬采收。

3. 适应性及适栽区域

罗伯逊脐橙的适应性比华脐广，较抗高温高湿，丰产性好，且有串状结果的习性。适栽地域也比华脐广。我国四川、重庆、湖北和湖南等省（市）均栽培较多，表现结果早，丰产稳产。

4. 栽培技术要点及注意事项

罗伯逊脐橙的栽培技术与华盛顿脐橙大致相同。因其对高温高湿的敏感性没有华脐强，故易丰产。但是，以枳作砧木者，常使树势衰弱，出现黄化而减产，故生产上常采用红橘作砧木。这样，既能克服黄化，增强树势，提高产量，又具有防止裂皮病的良好作用。

5. 供种单位

中国农业科学院柑橘研究所及其他柑橘供种单位（见本书附录）。

（三）汤姆逊脐橙

汤姆逊脐橙（彩图 4-58），简称汤脐。

1. 品种来历

汤姆逊脐橙原产于美国，由华盛顿脐橙的芽变选育而得。我国在 20 世纪 30 年代即有引进，在四川、重庆、湖北等省（市）有少量栽培。

2. 品种特征特性

树势中等，树冠较华脐树冠小，开张。枝条较软，披垂，枝梢短而细密，无刺或少刺。果实椭圆形或圆球形，单果重 160～200 克。果面光滑，油胞细密。果色橙红，果皮薄。果肉细嫩化渣，汁较少，风味浓，甜酸可口。可食率在 80%以上，果汁率为 48%左右，可溶性固形物含量为 10.5%～11%，糖含量为 8～9 克/100 毫升，酸含量为 0.9 克/100 毫升。它品质好，但与华脐相比稍逊。果实于 11 月中旬成熟，较华脐稍早。产量较华脐高。虽在湿热地区栽培较华脐丰产，但耐寒性不如华脐。华盛顿脐橙、罗伯逊脐橙和汤姆逊脐橙的区别见表 4-2。

表 4-2 华盛顿脐橙、罗伯逊脐橙、汤姆逊脐橙的区别

项 目	华盛顿脐橙	罗伯逊脐橙	汤姆逊脐橙
树 势	强	弱	中
树 冠	高大,较松散	矮小,紧密	介于两者之间
枝 条	粗长、稀疏、披垂	短密、略披垂	中等,较披垂
主干(枝)	光 滑	有明显瘤突	光 滑
果 形	光滑、油胞小	较粗糙,油胞大而凸	极光滑,油胞细密,平生或微凸
果 肉	脆嫩,致密,味浓,甜酸适中,汁多	较疏松,味较浓,甜酸适中,多汁	脆嫩,致密,味浓,偏甜,汁少,易粒化
成熟期	晚	早	早
适应性	不耐高温高湿,裂果、落果较重	较耐高温高湿,裂果、落果严重	较耐高温高湿,裂果、落果中等

3. 适应性及适栽区域

汤姆逊脐橙的适应性及适栽区域,与罗伯逊脐橙基本相同。

4. 栽培技术要点及注意事项

汤姆逊脐橙的栽培技术要点及注意事项,与华脐相似。

5. 供种单位

中国农业科学院柑橘研究所及其他柑橘供种单位(见本书附录)。

(四)朋娜脐橙

朋娜脐橙(彩图 4-59,彩图 4-60),又叫斯开吉司·朋娜脐橙。

1. 品种来历

朋娜脐橙，系从美国加利福尼亚州的 Strathmore 华盛顿脐橙中选出的突变优良品种。1978 年引入我国。

2. 品种特征特性

树势中等或较强，树冠圆头形，中等大。枝条较短而密，发枝力强。叶片小，叶色浓而厚。果实较大，单果重 180 克左右。果实短椭圆形或倒锥状圆球形，为橙色或深橙色，果面光滑。果肉脆嫩，较致密，风味较浓，甜酸适口，品质上等。果实于 11 月中旬前后成熟，较耐贮藏。早结果，丰产稳产。

3. 适应性及适栽区域

朋娜脐橙适应性广。引入我国后，在脐橙产区种植均表现丰产稳产。惟裂果落果较严重，如不解决，则会影响产量。在我国栽培脐橙的区域，均可种植。

4. 栽培技术要点及注意事项

由于裂果较重，栽培上应注意防治。其他栽培技术与华盛顿脐橙基本相同。

5. 供种单位

中国农业科学院柑橘研究所及其他柑橘供种单位(见本书附录)。

(五)纽荷尔脐橙

1. 品种来历

纽荷尔脐橙(彩图 4-61，彩图 4-62)，原产于美国，系由美国加利福尼亚州 Duarte 的华盛顿脐橙芽变而得。我国于 1978 年将其引入，现在重庆、江西、四川和湖北等省(市)广为栽培，是脐橙中内质优、外观美、商品性最好的品种。

2. 品种特征特性

树体生长较旺,树势开张,树冠扁圆形或圆头形。枝梢短密,叶色深,结果明显较朋娜脐橙和罗伯逊脐橙晚。果实椭圆形至长椭圆形,较大,单果重200~250克。果面光滑,果色橙红,多为闭脐。肉质细嫩而脆,化渣,汁多。可食率为73%~75%,果汁率为49%左右,可溶性固形物含量为12%~13%,糖含量为8.5~10.5克/100毫升,酸含量为1~1.1克/100毫升,品质上乘。果实于11月中下旬成熟,耐贮藏,且贮后色泽更红,品质也好。虽投产稍晚,但后期产量高,稳产。如在江西省赣州,其6年生树平均每667平方米产量接近3000千克。

3. 适应性及适栽区域

纽荷尔脐橙的适应性及适栽区域同华脐,凡脐橙适栽区均可栽培纽荷尔脐橙。

4. 栽培技术要点及注意事项

我国江西省寻乌县是纽荷尔脐橙的主栽县。1990年以来,该县澄江镇在纽荷尔脐橙大发展中,总结了早结果,高产优质的栽培技术,3~5年生的纽荷尔脐橙,每667平方米产量达5000千克。现将其栽培要点简介如下:

(1)做好改土定植 定植前,挖定植壕沟,压埋稻草、饼肥等改土。沟深0.7米,宽1.3米。先在沟底放一层稻草,在稻草上均匀撒些石灰(因当地是酸性红壤),盖一层土。然后,又放稻草,撒些石灰,盖一层土。整平后,再放稻草、猪牛粪、桐油饼等,与土混合回填,使沟面高出地面30厘米左右。最后,在定植沟面上盖一层腐熟的农家肥,让回填处自然沉实。改土时,每株用稻草20~25千克,石灰1.5~2千克,饼肥和猪牛粪10千克。

开春后定植。定植后1~7天内,每天浇水一次。10天后,开始浇腐熟的稀薄水肥。水肥通常用25升水中加2~3千克腐熟的饼肥或人粪尿配成。以后,每隔7~10天浇一次,水肥浓度可逐渐提高。一次梢老熟后,改为15天施一次水肥。

(2)管理好幼树

①**水肥管理** 对新植的幼苗,第一年不施化肥,以浇腐熟的有机液肥为主。对2年生树,施肥采取勤施薄施的方法,在春、夏、秋梢每次抽发前,各施一次促梢肥,每次株施混合化肥0.4~0.5千克。化肥混合的方法为:先将尿素50千克与硼砂2.5千克混合拌匀,再将过磷酸钙50千克与硫酸镁2.5千克、硫酸锌3.5千克混合拌匀,最后再将硫酸钾50千克与上述已拌匀的混合物一起拌匀。冬肥在10月中旬施,每株施腐熟猪栏肥20~25千克,混合化肥0.4~0.5千克。

在春、冬两季,结合中耕,每株撒施石灰1~1.5千克。

在排灌上,要求排水沟畅通,以防雨天积水,并在干旱时能及时灌水。

②**树体骨架培育** 定植后的前两年,主要培养丰产树形,在20~25厘米处定干,促生分枝,留3个培养成主枝。当苗木呈一干三主枝后,在主枝上培养副主枝,每个主枝两侧各留一个侧枝,这样就形成了干枝。以后继续按"三三制"的方法扩大树冠。

③**枝梢管理** 定植后第一年的10月底至11月中旬(秋梢完全老熟后),喷两次赤霉素,浓度为50毫克/千克,间隔15天左右,以控制花芽分化,有利扩大树冠。在第二年,应重视扩大和充实树冠,培养足够的结果母枝。2年生树春梢萌芽较多,不宜重剪,以外围枝短截3~4片叶即可。留梢时,枝条中部左右各留一芽,顶端再延长一芽,再将多余的芽抹除。使留下的芽梢有足够的空间和养分,促其粗壮延长。

春梢老熟后,将外围枝条短截3~5叶,留基枝15~20厘米长。短截后的枝条,顶部会很快萌芽,应将萌芽抹除2~3次。待大部分枝条中部都有萌芽时,再放夏梢,放梢时间以雨过天晴时最适宜。7月下旬,短截夏梢,留20～25厘米长。8月中旬,放秋梢。

通过上述的精心培养,第二年的秋梢(末段梢)数,一般可达400个以上。此为第三年进入结果打好基础。10月上中旬秋梢老熟后,若树体过旺,可喷布1～2次有效浓度为300～400毫克/千克的多效唑,抑制营养生长,促使花芽分化。

④**地面覆盖** 定植后,前两年树冠小,园地裸露,夏秋可进行覆盖。常用杂草和绿肥覆盖,时间在6月下旬,以保湿降温,确保幼树越夏。

⑤**病虫害防治** 结果前,主要防治红蜘蛛、潜叶蛾、炭疽病和溃疡病。

(3)管好结果树

①**水肥管理** 2月中旬施萌芽肥,株施混合化肥1千克,或果树专用复合肥1.5千克。开花后,施稳果肥,以尿素等速效肥为主,株施0.5～0.75千克。注意稳果肥应本着果多多施,果少少施,无果不施的原则进行。要重施壮果促梢肥。在7月中下旬,株施饼肥2～2.5千克,尿素等化肥1千克。这次的施肥量占全年施肥量的50%,同时要根据挂果量的多少,决定每棵植株的施肥量。要及时施采果肥。一般在10月底至11月施下,以有机肥为主,株施禽、畜粪25千克和饼肥2～2.5千克。要注意旱季及时灌水,梅雨季节防积水。

②**树体管理** 疏春梢结合疏花疏蕾进行。对春梢丛生枝,采取“三去一,五去二”的原则,疏密留稀,疏短留长。对抽发的夏梢,要及时抹除。7月底8月初,统一放秋梢。8月下旬以后抽生的秋梢,应予抹除。要剪除扰乱树形或造成郁闭的枝条,以保证树冠有足够大小不等的“天窗”。结果2～3年后,采取隔株压缩的办法,防止树冠郁闭。当树冠被压缩到一定程度后,可作间伐或间移。

③**保果增产** 要防止幼果脱落。在花谢3/4时,用中国农业科学院柑橘研究所生产的增效液化BA+GA(喷布型)对幼果进行

树冠喷布,每瓶(10毫升)加水12.5~15升,连喷2次,间隔15天。防止脐黄,可在第二次生理落果开始时(5月中下旬),于幼果脐部涂抑黄酯(Fows),每支(10毫升)加水0.35升。为防裂果,可采用绿赛特,每包(15克)加50%~70%酒精或50°白酒50毫升左右,搅拌溶解后,加水40~50升,于8月上旬开始,每隔15天喷一次,连续喷三次。要注意随配随喷。

④**疏花疏果** 3月上旬,花显白前疏花,摘除部分无叶花。6月底至7月上旬,结合夏剪进行疏果,疏掉密生果、小果、病果和畸形果等。

⑤**果实套袋** 在第二次生理落果结束后的6月份至7月中旬,开始套袋。套袋必须在晴天没有露水时进行。套袋前,喷药1~2次,药液干后及时进行。若喷药后6~7天还未套完,或中途遇雨,则须补喷一次药后再套。套袋时,要注意使纸壁与果实分离,并将袋口紧扎果梗着生的上端,以防止病菌害虫进入袋内危害果实。纸袋宜选择浸泡过杀菌剂和蜡液、耐雨水淋蚀的专用优质纸袋,可选用"盛大"等果袋。在果实采收前半个月左右,去除纸袋,以使果实充分着色。

⑥**病虫害防治** 除防治幼树期的病虫害外,还要注意果实病虫害的防治。主要有溃疡病和锈壁虱。防治溃疡病,可在谢花后10天开始喷药,每隔10~15天喷一次,连喷3次。药剂可选用53.8%可杀得1000倍液;人用链霉素100万单位1支,对水25~30升,加托布津900~1000倍液;0.5%等量式波尔多液,加托布津1000倍液。防治锈壁虱可在7~9月份发生高峰期喷药,7月上旬喷20%螨克1200倍液,或73%克螨特2500倍液,8月上旬喷80%新万生600倍液加3%金世纪1500倍液。

为获得早期丰产,栽植密度以100株/667平方米为宜,并对幼树勤施薄施肥料,多保留枝叶,以促使树冠早日形成。结果后,根据纽荷尔需肥特点,及时施足肥料,以保证树冠扩大和树体生长的需要,尤其要保证其能抽生有足够数量的优质新梢,使其连年丰产。此外,疏果要采取先保后疏的方法。

5. 供种单位

中国农业科学院柑橘研究所及其他柑橘供种单位(见本书附录)。

(六)林娜脐橙

1. 品种来历

林娜脐橙(彩图 4-63,彩图 4-64),又称奈佛林娜脐橙,系华盛顿脐橙的早熟芽变而得的品种,原产于西班牙。我国在 20 世纪 70 年代末期后,分别从美国、西班牙引入该品种。目前,在江西、重庆、四川、湖北、湖南、福建和浙江等省(市)已有一定数量的栽培,以江西赣南为主栽区。

2. 品种特征特性

树冠扁圆形,长势比华脐弱,比罗脐旺。枝条短而壮,密生。抽枝能力较强,叶色浓绿。果实椭圆形或长倒卵形,较大,单果重 200～230 克。果实顶部圆钝,基部较窄,常有短小的沟纹。果色橙红或深橙,较光滑,果皮较薄。肉质脆嫩化渣,风味浓甜。可食率为79%～80%,果汁率为 51%,可溶性固形物含量为 11%～13%,糖含量为 8～9 克/100 毫升,酸含量为 0.6～0.7 克/100 毫升。果实于 11 月中下旬成熟,较耐贮藏。

林娜脐橙,结果早,优质丰产稳产,与纽荷尔脐橙一样,是目前我国推广的脐橙品种之一。

3. 适应性及适栽区域

林娜脐橙的适应性及适栽区域,同华脐。

4. 栽培技术要点及注意事项

林娜脐橙栽培技术同华脐。它不带裂皮病,在栽培中要注意

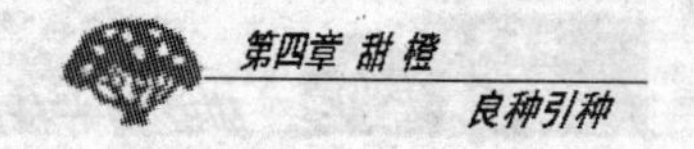

保护，以防被感染。

5. 供种单位

中国农业科学院柑橘研究所及其他柑橘供种单位（见本书附录）。

（七）丰　脐

1. 品种来历

丰脐（彩图4-65，彩图4-66），来自华盛顿脐橙的变异。我国1977年从美国加利福尼亚州将其引入。目前，四川、重庆和湖北等省（市）对它栽培较多，产脐橙的其他省（自治区）也有栽培。表现丰产和稳产，品质优良。

2. 品种特征特性

丰脐树势中等偏上，发枝力强，较直立，树冠圆头形，紧凑。枝梢节间短，叶片色泽浓绿。果实圆球形或倒卵形，单果重220～230克。果皮较薄，果色橙红。品质优，汁多，味浓甜，肉质脆嫩化渣。可食率为75%～78%，果汁率为47%～48%，可溶性固形物含量为12%～13%，糖含量为8～10克/100毫升，酸含量为0.6～0.7克/100毫升。果实于11月上中旬成熟，较耐贮藏。丰脐品种果实优质，丰产稳产，是目前我国发展的脐橙优良品种之一。

3. 适应性及适栽区域

丰脐品种的适应性及适栽区域与华盛顿脐橙相同，适应性比较广泛。

4. 栽培技术要点及注意事项

同华盛顿脐橙栽培，比华脐早结丰产。其4年生植株平均株产量为8～9千克，成年树株产量为30～50千克，株产量高的可达70～80千克。

5. 供种单位

中国农业科学院柑橘研究所及其他柑橘供种单位(见本书附录)。

(八)福罗斯特脐橙

1. 品种来历

福罗斯特脐橙(彩图 4-67),系美国加利福尼亚州的地方品种,是华盛顿脐橙的珠心系,于 1952 年推广。我国于 1978 年从美国将其引入。目前,在四川、重庆、湖北和江西等省(市),有少量福罗斯特脐橙栽培。

2. 品种特征特性

树势强,树冠半圆形或圆头形。丰产稳产,但结果比朋娜脐橙稍晚。果实扁圆形至圆形,单果重 150～200 克。果色橙红,果皮较薄。肉质细软化渣。可食率为 73%左右,果汁率为 49%左右,可溶性固形物含量为 11%～13%,糖含量为 9～9.5 克/100 毫升,酸含量为 0.7～1 克/100 毫升。果实于 12 月份成熟,可挂树贮藏,至翌年 1 月底至 2 月初采收。

3. 适应性及适栽区域

福罗斯特脐橙的适应性及适栽区域,比华脐广。因其优质丰产,又不带裂皮病,故是可发展的中晚熟脐橙。

4. 栽培技术要点及注意事项

同华盛顿脐橙的栽培技术。

5. 供种单位

中国农业科学院柑橘研究所及其他柑橘供种单位(见本书附录)。

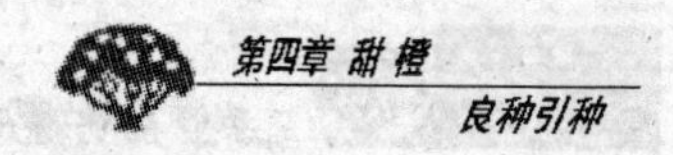

(九)晚脐橙

晚脐橙,又名纳佛来特(Navelate navel orange)脐橙。

1. 品种来历

原产于西班牙,系华盛顿脐橙的枝变而得的品种。我国将其引入后,在四川、重庆、广西和浙江等省(市、自治区)有少量栽培。

2. 品种特征特性

树势强,树冠半圆头形或圆头形。果实椭圆形或圆球形,单果重 180~210 克。果面较光滑,果皮为橙色,比华盛顿脐橙色浅,脐小,多闭脐。果肉较软,味浓甜,汁多。果汁率为 53.8%,可溶性固形物含量为 10%~11%,糖含量为 8.6 克/100 毫升,酸含量为 0.6~0.7 克/100 毫升。果实于 12 月底至翌年 1 月份成熟。晚脐橙晚熟,产量中等,是可供发展的晚熟品种。

3. 适应性及适栽区域

适应性较广,凡种植脐橙的地区,一般均可种植晚脐橙。

4. 栽培技术要点及注意事项

同华盛顿脐橙。因其较晚熟,应注意在冬季较温暖的地域种植。

5. 供种单位

中国农业科学院柑橘研究所及其他柑橘供种单位(见本书附录)。

(十)克拉斯特脐橙

1. 品种来历

原产于美国。我国引入其后在四川、重庆、广西和浙江等省(市、自治区),有少量栽培。

2. 品种特征特性

树冠圆头形或半圆形，树姿开张。树干常有包状突起，枝具短刺。果实近圆球形，单果重 140～190 克。多为闭脐，果皮橙色至橙红色，较薄。可食率在 75%以上，果汁率为 55%左右，可溶性固形物含量为 10%～11%，糖含量为 7.5～8.5 克/100 毫升，酸含量为 0.6～0.7 克/100 毫升。果实品质中上，肉质细嫩化渣，甜酸可口。果实于 11 月上旬成熟。

3. 适应性及适栽区域

克拉斯特脐橙的适应性及适栽区域与华脐大致相同。因其品质一般，故发展不快。

4. 栽培技术要点及注意事项

同华脐栽培技术。以枳为砧者，较丰产，可作搭配品种适量种植。

5. 供种单位

中国农业科学院柑橘研究所及其他柑橘供种单位（见本书附录）。

（十一）清家脐橙

1. 品种来历

清家脐橙（彩图 4-68，彩图 4-69），原产于日本爱媛县，1958 年发现于清家太郎氏脐橙园。1975 年进行品种登记，繁殖推广，1978 年引入我国。目前，在重庆和四川等省（市）栽培较多，湖北、湖南、江西、广西、福建、云南和贵州等省（自治区）也有少量栽培。

2. 品种特征特性

树势中等，树冠圆头形。枝梢节间密，叶片小。果实较大，单果重 200 克左右，果形圆球形或椭圆形。肉质脆嫩化渣，风味与华脐相似。果实可食率为78%左右,果汁率为54%,可溶性固形物含量为11%~12.5%,糖含量为8.5~9克/100毫升,酸含量为0.7~0.9克/100毫升,品质上乘。果实于11月上旬成熟,较耐贮藏。清家脐橙,以枳为砧木者,结果早,丰产稳产,是目前我国发展的脐橙品种之一。

3. 适应性及适栽区域

适应性广。在我国脐橙产区种植,几乎均表现优质丰产。

4. 栽培技术要点及注意事项

同华脐的栽培技术。

5. 供种单位

中国农业科学院柑橘研究所及其他柑橘供种单位(见本书附录)。

(十二)白柳脐橙

1. 品种来历

白柳脐橙(彩图4-70,彩图4-71),于1932年,从日本静冈县的华盛顿脐橙园中选出,1950年推广,1978年我国从日本引入。目前,在广西、四川、重庆、福建和浙江等地,有少量种植,表现丰产和优质。

2. 品种特征特性

树势健壮,枝条较粗壮,枝叶茂密,树冠圆头形。果实圆球形,单果重200克左右。脐明显,基部较窄,蒂周常有放射状沟纹。果色橙红,果皮较粗。果实可食率为75%左右,果汁率为49%~50%,可溶性固形物含量为12%~13%,糖含量为10克/100毫升,酸含量为0.6~0.7克/100毫升。肉质细嫩化渣,品质上等。果实于11月中下旬成熟,较耐贮藏。

3. 适应性及适栽区域

白柳脐橙适应性广。以枳作砧木者，结果早，其3年生树株产4~5千克。

4. 栽培技术要点及注意事项

与纽荷尔脐橙栽培技术相同。

5. 供种单位

中国农业科学院柑橘研究所及其他柑橘供种单位(见本书附录)。

(十三)大三岛脐橙

1. 品种来历

大三岛脐橙(彩图4-72,彩图4-73)，原产于日本爱媛县，是1952年选自华盛顿脐橙的早熟芽变而获得的品种。1968年推广。1978年，我国从日本引入，在四川、重庆、广西、浙江和福建等省(市、自治区)有少量种植，表现优质丰产。

2. 品种特征特性

树势中等，树冠圆头形或半圆形。枝条短，叶片小而密生。果实较大，单果重200~250克，多闭脐。果面橙红色，果皮较薄，果实球形或短椭圆形。可食率为80%，果汁率为54%，可溶性固形物含量为11%~12%，糖含量为9.2克/100毫升，酸含量为0.6~0.7克/100毫升。果肉脆嫩，品质上乘。果实于11月上中旬成熟，较耐贮藏。

以枳为砧的大三岛脐橙，早结果，优质，丰产稳产。它是目前我国推广的脐橙品种之一。

3. 适应性及适栽区域

大三岛脐橙的适应性及适栽区域，与脐橙相同。

4. 栽培技术要点及注意事项

同纽荷尔脐橙栽培技术。

5. 供种单位

中国农业科学院柑橘研究所及其他柑橘供种单位(见本书附录)。

(十四)丹下脐橙

1. 品种来历

丹下脐橙(彩图 4-74),1946 年选自日本广岛丹下博光氏脐橙园,1961 年登记推广。1981 年,我国从日本将其引进,在浙江、广西和重庆等省(市、自治区)试种,表现较好。

2. 品种特征特性

树冠圆头形。枝条粗壮,叶片椭圆形,翼叶发达。果实球形,脐小,单果重 200～230 克,果色橙红。果实可食率为 72%～73%,果汁率为 51%～52%,可溶性固形物含量为 11%～12%,糖含量为 8～9 克/100 毫升,酸含量为 0.6～0.7 克/100 毫升。果肉细嫩较脆,甜带微酸。

丹下脐橙树势强,枝梢粗壮,幼树结果较迟,成年树能丰产稳产,可作为脐橙的配套品种种植。

3. 适应性及适栽区域

丹下脐橙的适应性及适栽区域与脐橙相同。

4. 栽培技术要点及注意事项

丹下脐橙的栽培技术要点及注意事项与脐橙相同。

5. 供种单位

中国农业科学院柑橘研究所。

(十五)奉园 72-1 脐橙

1. 品种来历

奉园 72-1 脐橙(彩图 4-75,彩图 4-76),1972 年从重庆市奉节县园艺场选出的优变品种,其母树 1958 年引自四川省江津园艺试验站(现为重庆市果树研究所)的一株甜橙砧华盛顿脐橙。

2. 品种特征特性

树势强健,树冠半圆头形。稍矮而开张,春梢为主要结果母枝,其次是秋梢。果实短椭圆形或圆球形,单果重 160~200 克。脐中等大或小,果实橙色或橙红色,果皮较薄,光滑。果肉细嫩化渣。可食率为 78%以上,果汁率为 55%以上,可溶性固形物含量为 11%~14.5%,糖含量为 9~11.5 克/100 毫升,酸含量为 0.7~0.8 克/100 毫升。果实于 11 月中下旬成熟,较耐贮藏。

3. 适应性及适栽区域

以枳为砧木的奉园 72-1 脐橙,树冠相对矮化、开张,表现抗旱耐湿,不易感染脚腐病,但不抗裂皮病,且在碱性土壤中易出现缺铁黄化。以红橘为砧的,嫁接亲和性好,生长强健,树姿较直立,但结果较枳砧晚 2 年左右。

奉园 72-1 脐橙的适应性与华脐相似,空气相对湿度以65%~70%为最适。通常在适栽华脐的地区均可栽培。

4. 栽培技术要点及注意事项

与纽荷尔脐橙大致相同。

5. 供种单位

中国农业科学院柑橘研究所,重庆市奉节县农业局果树站及其他柑橘供种单位(见本书附录)。

(十六)长宁4号脐橙

1. 品种来历

该品种系1975年从四川长宁的脐橙中选出。其母树1959年引自原四川江津园艺试验站。

2. 品种特征特性

树冠圆头形,树势较强。果实圆球形,色泽橙红,鲜艳。单果重200~210克。果皮厚0.4厘米左右。肉质脆嫩、化渣,甜酸可口,有香气。可食率为76.5%,果汁率为53.4%,可溶性固形物含量为12.6%,糖含量为9.5克/100毫升,酸含量为1~1.1克/100毫升。果实于11月上中旬成熟,较耐贮藏。长宁4号脐橙以枳和红橘作砧木,均能丰产。在四川可作脐橙的配搭品种种植。

3. 适应性及适栽区域

长宁4号脐橙的适应性及适栽区域与脐橙相同。

4. 栽培技术要点及注意事项

与华脐栽培技术大致相同。

5. 供种单位

中国农业科学院柑橘研究所,四川省长宁县农业局及其他柑橘供种单位(见本书附录)。

(十七)眉山9号脐橙

1. 品种来历

眉山9号脐橙(彩图4-77,彩图4-78),1974年从四川省眉山县(现东坡区)的脐橙园中选出。其母树可能是罗伯逊脐橙的自然芽变。

2. 品种特征特性

树冠圆头形，树势较弱，树姿开张。果实短椭圆形，单果重180～210克。果色橙红，果皮光滑，较薄。果肉脆嫩化渣，甜酸可口。可食率为75%左右，果汁率为50%～51%，可溶性固形物含量为11%～12%，糖含量为8～9克/100毫升，酸含量为0.9～1.0克/100毫升。果实于11月上中旬成熟，较耐贮藏。

眉山9号脐橙以枳为砧木者，早结果，丰产稳产，质优，可在四川等地作脐橙的配搭品种发展。

3. 适应性及适栽区域

眉山9号脐橙的适应性及适栽区域与脐橙相同。

4. 栽培技术要点及注意事项

眉山9号脐橙的栽培技术要点及注意事项，与华盛顿脐橙大致相同。

5. 供种单位

中国农业科学院柑橘研究所，四川省东坡区农业局果树站及其他柑橘供种单位(见本书附录)。

(十八)秭归罗伯逊35号脐橙

1. 品种来历

罗伯逊35号脐橙(彩图4-79，彩图4-80)，系1977年从湖北秭归县郭家坝镇邓家坡村选出的优良单株。目前，该品种在秭归有一定数量的栽培。

2. 品种特征特性

以红橘作砧木的秭归罗伯逊脐橙35号，树势旺盛，丰产稳产。树冠圆头形，枝梢粗壮。果实较大，单果重170～220克。果色橙红，果皮光滑，多闭脐。果肉脆嫩，化渣，甜酸可口。可食率为

72%～73%，果汁率为50%～51%，可溶性固形物含量为11%～13%，糖含量为8～9克/100毫升，酸含量为0.9克/100毫升。果实于11月上中旬成熟。红橘砧35号脐橙，其5年生树平均株产超过10千克，7年生树株产量达20千克以上。

3. 适应性及适栽区域

罗脐35号的适应性及适栽区域，与脐橙相同。

4. 栽培技术要点及注意事项

秭归罗伯逊脐橙35号带有裂皮病，宜选用红橘作砧木，虽与枳砧相比投产较晚，但后期丰产稳产。罗脐35号可作为脐橙的配搭品种作少量栽培。

5. 供种单位

中国农业科学院柑橘研究所，湖北省秭归县特产局及其他柑橘供种单位(见本书附录)。

(十九)福本脐橙

1. 品种来历

福本脐橙(彩图4-81，彩图4-82)，原产于日本和歌山县，为华盛顿脐橙的枝变。1981年我国从日本将其引进后，有少量栽培。

2. 品种特征特性

树势中等，树姿较开张，树冠圆头形。枝条较粗壮稀疏。叶片长椭圆形，较大而肥厚。果实较大，单果重200～250克。果形短椭圆形或球形，果顶部浑圆，多闭脐，果梗部周围有明显的短放射状沟纹。果面光滑，果色橙红，果皮中厚，较易剥离。肉质脆嫩、多汁，风味甜酸适口，富有香气，品质优。在重庆地区，其果实于11月中下旬成熟。福本脐橙较早熟，果面光滑，外观美，内质优，可作发展。

3. 适应性及适栽区域

福本脐橙的适应性及适栽区域与脐橙相同。

4. 栽培技术要点及注意事项

与华脐栽培技术相似。

5. 供种单位

中国农业科学院柑橘研究所及其他柑橘供种单位(见本书附录)。

(二十)红肉脐橙

1. 品种来历

红肉脐橙(彩图 4-83,彩图 4-84),又叫卡拉卡拉(Cara Cara)脐橙。

该品种系秘鲁选育出的华脐芽变优系。20 世纪末,我国将其从美国引进,现重庆、湖北和浙江等省(市)有少量种植,均表现出特异的红肉性状。

2. 品种特征特性

红肉脐橙,大多数性状与华盛顿脐橙相似。树冠紧凑,叶片偶有细微斑叶现象,小枝梢的形成层常显淡红色,果实稍小。其最大的特色,是果实果肉呈均匀的红色。

红肉脐橙,可作为配搭品种,适量种植。

3. 适应性及适栽区域

红肉脐橙的适应性及适栽区域与脐橙相同。

4. 栽培技术要点及注意事项

红肉脐橙的栽培技术要点及注意事项与华脐相同。

5. 供种单位

中国农业科学院柑橘研究所,华中农业大学柑橘研究所及其他柑橘供种单位(见本书附录)。

(二十一)晚棱脐橙

1. 品种来历

晚棱脐橙(彩图 4-85),原产于澳大利亚 L.Lane 地区。1950 年发现,是华盛顿脐橙的芽变,英文名为 Lane late。

2. 品种特征特性

植株与果实性状与华脐难以区别。其果实与华脐相比,似觉更硬,皮更光滑,脐更小或极少开脐。其明显的特征是果汁酸少。成熟期在翌年 3 月份,晚熟是其最大特性,可作为脐橙的晚熟品种发展种植。

3. 适应性及适栽区域

晚棱脐橙的适应性及适栽区域同脐橙。

4. 栽培技术要点及注意事项

与华脐栽培技术相同。

5. 供种单位

中国农业科学院柑橘研究所,华中农业大学柑橘研究所及其他柑橘供种单位(见本书附录)。

四、血　橙

(一)血　橙

1. 品种来历

血橙,原产于地中海地区。按发源地的不同,又分为以下三个类群:

(1)意大利血橙类 也称为普通血橙类,原产于意大利的西西里岛。属于此类的有深血色的塔罗科、摩洛血橙,浅血色的马耳他斯血橙等。

(2)西班牙血橙类 原产于西班牙。属这类的有脐血橙和桑吉内罗血橙等。

(3)巴勒斯坦血橙类 原产于黎巴嫩和叙利亚一带。我国尚未引进。

2. 品种特征特性

血橙是一个品种群。果实的果面、果肉、果汁均为紫红色,且具特殊的芳香。此类甜橙品种统称血橙。

血橙品种,按着色深浅的不同,分为两类,即深血色类和浅血色类。深血色类的,如摩洛血橙、塔罗科血橙等;浅血色类的,如马耳他斯血橙和脐血橙等。

血橙一般都作鲜食用。在欧洲市场,血橙更受消费者青睐。血橙果汁的色素,因极易氧化而变为褐色,使色泽和风味不佳,故一般不用来加工果汁。

3. 适应性及适栽区域

血橙适应性较广,最适的生态条件是:年均温为 19℃左右,≥10℃的年活动积温为 6 300℃~6 500℃,1 月份均温为 7℃左右。因其晚熟,在 1 月份时果实仍挂在树上,故栽培地的极端低温要求不低于 -3℃,要求年降水量为 1 200 毫米,空气相对湿度为78%~80%,年日照 1 500 小时左右,土壤疏松、肥沃,呈微酸性。我国重庆、四川、湖南、湖北、江西、福建、广西、广东和云南等省(市、自治区)可栽甜橙的区域,均适宜种植血橙。

4. 栽培技术要点及注意事项

(1)砧木和园地的选择 以枳作砧者,早结果,丰产,但易感裂皮病,尤其是脐血橙,故砧木宜选红橘。血橙适应性较强,丰产,稳产，故应选择冬季温暖，无严重霜冻，土层深厚、土壤肥沃的地方种植。定植时间以9~10月份为好，密度为每667平方米栽60株左右为宜。

(2)加强土肥水管理

①**土壤管理** 血橙根系生长良好与否，与土层深浅有关，故应做到：一是深翻熟化土壤。定植前深翻1米左右，并施足基肥，使土壤疏松肥沃，有利于血橙生长完整的根系群。定植后的血橙园可隔年深翻一次，实行年隔行深翻。二是中耕，每年在春、夏、秋季中耕三次以上。

②**施肥** 应根据树势、物候期看树施肥。春梢肥：在2月份施，以氮肥为主，施肥量宜重，以促发健壮的春梢。稳果肥：血橙果实发育期较长，消耗营养较多，为提高着果率，促进果实增大，应在5月份及时进行土壤施肥或根外追肥。根外追肥用0.3%尿素，0.3%磷酸二氢钾，0.1%硼酸。壮果肥：在7月份施。此时正是果实膨大期，同时又是秋梢抽发时期。施肥以氮、磷、钾含量全面的肥料为主。花芽肥：在9月份施。此时正值果实迅速膨大期和花芽分化初期，也是根系生长第三次高峰期。肥料种类以磷、钾肥为主。越冬肥：在11月初和次年1月份施。以迟效肥为主。如果果实在2月份采收，冬季低温到来之前应增施一次磷、钾肥，以减少冬季落果。

③**灌水** 如血橙花期少雨，果实膨大期遇到伏旱，就会严重影响果实的产量和品质。冬旱低湿，会导致大量落果，故应注意及时灌水。

(3)整形修剪 血橙幼树生长旺盛，发枝力强，在苗期整形时，定干高度为20~40厘米，留3个以上分枝。在定植后的一二年内，为迅速扩大树冠，对着生的花蕾应全部疏除。对过长的夏梢，应轻短截或留8~10片叶后摘心，以促发秋梢。对已结果的幼树，要控制夏梢抽生，使之提高稳果率。在修剪上，应注意抹芽和摘心。对旺盛的成年结果树,一般以轻剪为主;对衰弱的结果树,应疏去纤弱枝,或重短截,使之回缩更新,同时分别在5月份和9月份断去少量根系,并及时施肥,恢复树势。

(4)防止落果 为了防止异常生理落果,可在谢花后7天用赤霉素处理,也可喷布0.3%~0.5%的尿素加0.1%~0.3%的磷酸二氢钾混合溶液2~3次,以提高着果率,促进幼果生长。为防止采前因低温等原因而引起落果,可从11月上中旬开始喷布浓度为20~40毫克/千克的2,4-D加0.5%尿素液2~3次,每隔2~3周喷1次,可取得好的效果。为防止因花量大,造成树势衰弱而引起的落果,可在初花期将现蕾较晚的花和6月份落果前期对较小的幼果,疏去一部分,以节约养分。脐血橙12月初至翌年3月份均能采收。在有冬季干旱的产区会产生严重落果,为防止落果,要及时灌水防旱,并且在11月初喷布一次浓度为20毫克/千克的2,4-D溶液,同时,配合施一次磷、钾肥。在1月份低温来临之前,再喷布一次2,4-D溶液。若需将果实延至3月份采收,则应在11月份喷布2,4-D溶液时加浓度为10毫克/千克的赤霉素溶液。对花量过多的衰弱树,在5月份和7月份应增加叶面肥喷布次数,以及时补充养分,稳花稳果。

(5)搞好病虫害防治 裂皮病是枳砧脐血橙的严重病害,应特别注意防治。枳、枳橙和柠檬砧的脐血橙,可改用红橘作砧木。同时,用茎尖嫁接脱毒,建立无病毒母本园,繁殖无病毒苗木,以防裂皮病的危害。对已栽园地要做好预防工作。如园内发现个别植株有裂皮病,应立即将其挖掉烧毁。为了防止扩大蔓延,对农事操作中所用的工具,如枝剪、芽接刀和手锯等,要用10%~20%的漂白粉液消毒,以防接触传染。对苗木、幼树和成年树去芽时,应改抹芽为拉芽,以防人手接触传播。

其他病虫害防治与柑橘病虫害防治相同。

5. 供种单位

中国农业科学院柑橘研究所及其他柑橘供种单位(见本书附录)。

(二)塔罗科血橙

1. 品种来历

塔罗科血橙(彩图4-86,彩图4-87),原产于意大利。它有两个类型:塔罗科和塔罗科里乔(Tarocco Liscio)。两者性状相似,但塔罗科里乔的树势较弱,果实表面更光滑,果皮包着紧。我国1965年首次从阿尔巴尼亚引进,1972年后又从意大利、阿尔及利亚等国多次引进塔罗科血橙品种。目前,四川、重庆、湖南和贵州等省(市)有塔罗科血橙品种栽培。

2. 品种特征特性

树势中等,树冠为不太规则的圆头形。果实倒卵形或短椭圆形,果梗部有明显沟纹,单果重150克左右。果色橙红,较光滑。果肉色深,全为紫红,肉质脆嫩多汁,甜酸适口,香气浓郁,近于无核,品质上乘。果实于翌年1~2月份成熟、耐贮藏。

3. 适应性及适栽区域

塔罗科血橙,适应性广。作为晚熟甜橙,它目前是我国推广发展的优良品种,尤其适宜四川、重庆、贵州和湖南南部种植。其他同血橙。

4. 栽培技术要点及注意事项

塔罗科血橙的栽培技术要点及注意事项,同血橙栽培技术。

5. 供种单位

中国农业科学院柑橘研究所及其他柑橘供种单位(见本书附录)。

(三)红玉血橙

1. 品种来历

红玉血橙(彩图4-88,彩图4-89),又名路比血橙和红宝橙等,为最古老的血橙品种之一。原产于意大利。我国重庆、四川等省(市)栽培较多,其他甜橙产区也有少量种植。

2. 品种特征特性

树势中等,树冠圆头形,半开张。枝梢细硬,具短刺。果实扁圆形或球形,单果重130~140克。果皮光滑,未充分成熟前为橙黄色,充分成熟后带有深红色或紫红色斑点。果肉橙色带紫色斑点或全面紫红色,肉质细软多汁,甜酸适中,具玫瑰香气。惟种子较多,每果平均有15粒左右。可溶性固形物含量为10%~11%,糖含量为7~8.5克/100毫升,酸含量为1.1克/100毫升,品质较好。果实于翌年1月底至2月初成熟,较不耐贮藏,但贮后风味佳。丰产稳产。

3. 适应性及适栽区域

适应性强,适栽地广,与血橙相同。

4. 栽培技术要点及注意事项

红玉血橙的栽培技术要点及注意事项,与血橙栽培技术相同。

5. 供种单位

中国农业科学院柑橘研究所及其他柑橘供种单位(见本书附录)。

(四)无核(少核)血橙

1. 品种来历

无核(少核)血橙,系1983~1986年中国农业科学院柑橘研究

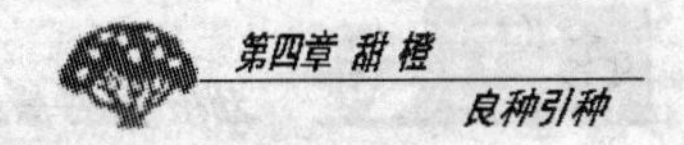

所用γ射线、电子束、快中子辐照红玉血橙芽条，从不同辐照中获得的优良突变优系。无核(少核)血橙经 MV_2 代鉴定，其无核性状稳定。

2. 品种特征特性

少核血橙，树冠矮小。抽枝稀疏，丰产稳产。单果种子平均有3~5粒。果较小，单果重120克左右。果形扁圆，果面深紫红色，肉色较深。可溶性固形物含量在12%以上，糖含量在9.5克/100毫升以上，酸含量为1.12克/100毫升，果实可食率为73.5%，果汁率为59%。

无核血橙，采用电子束及快中子辐照红玉血橙芽条的优良突变体。单果重160~190克。果皮为紫红色，果形圆球形。可食率为78.6%，果汁率为63.3%，可溶性固形物含量为10%~12%，糖含量为9克/100毫升，酸含量为1.1克/100毫升。

无核(少核)血橙成熟期在翌年1~2月份，是目前我国推广的晚熟甜橙品种。

3. 适应性及适栽区域

无核(少核)血橙的适应性及适栽区域与血橙相同。

4. 栽培技术要点及注意事项

无核(少核)血橙的栽培技术要点及注意事项，与血橙相同。

5. 供种单位

中国农业科学院柑橘研究所及其他柑橘供种单位(见本书附录)。

(五)摩洛血橙

1. 品种来历

摩洛血橙(彩图4-90，彩图4-91)，原产于意大利。我国在20

世纪60年代及其以后将其引进，在广东、四川、重庆和湖南等省(市)有栽培。

2. 品种特征特性

树势中等，树姿开张，树冠圆头形。单果重145~155克，果实球形或倒卵形。果皮光滑，果色橙红，带有红色斑纹。果肉细嫩化渣，紫红色，汁多味浓。可食率在70%以上，可溶性固形物含量为11%~13%，糖含量为8.3~10克/100毫升，酸含量为0.8~0.9克/100毫升，无核或少核。果实于翌年1月底、2月初成熟。摩洛血橙丰产，稳产，优质，是血橙中目前推广发展的品种。

3. 适应性及适栽区域

摩洛血橙的适应性及适栽区域与血橙相同。

4. 栽培技术要点及注意事项

摩洛血橙的栽培技术要点及注意事项与血橙相同。

5. 供种单位

中国农业科学院柑橘研究所及其他柑橘供种单位(见本书附录)。

(六)桑吉耐洛血橙

1. 品种来历

桑吉耐洛血橙(彩图4-92)，原产于西班牙。我国引自西班牙、意大利等国，目前在四川、重庆、湖南和广东有少量栽培。

2. 品种特征特性

树势强，高大，树冠圆头形。果实球形或长圆形，果面橙红，近果顶呈红色。单果重130~140克。果肉细嫩多汁，红色，甜酸可口，具香气。可食率在70%以上，可溶性固形物含量为11.5%~13%，糖含量为8.5~9.5克/100毫升，酸含量为0.8~0.9克/100

毫升,品质优良。果实翌年2月份成熟。

3. 适应性及适栽区域

桑吉耐洛血橙的适应性及适栽区域,与血橙相同。

4. 栽培技术要点及注意事项

桑吉耐洛血橙的栽培技术要点及注意事项,与血橙基本相同。

5. 供种单位

中国农业科学院柑橘研究所及其他柑橘供种单位(见本书附录)。

(七)马尔他斯血橙

1. 品种来历

马尔他斯血橙(彩图4-93,彩图4-94),原产于意大利。我国引入它以后,在四川和重庆等省(市)栽培较多,湖北、浙江、湖南和贵州等省也有零星栽培。表现较丰产,但比红玉血橙结果稍晚。

2. 品种特征特性

树势中等,树体较矮。树姿开张,枝梢细硬。以枳作砧木者,表现早结果,丰产,但寿命不及红橘砧者长,不抗裂皮病。果实较红玉血橙略高,单果重125~135克。果皮色泽较红玉血橙深,呈紫红色。果肉紫红,汁多化渣,甜酸适口,具玫瑰香。可溶性固形物含量为10%~11%,糖含量为7~8克/100毫升,酸含量为0.8~0.9克/100毫升。种子较红玉血橙少,但风味较红玉血橙稍逊,品质较好。作为早、中、晚熟品种搭配,可少量种植。

3. 适应性及适栽区域

马尔他斯血橙的适应性及适栽区域与血橙基本相同。

4. 栽培技术要点及注意事项

马尔他斯血橙的栽培技术要点及注意事项与血橙基本相同。

5. 供种单位

中国农业科学院柑橘研究所及其他柑橘供种单位(见本书附录)。

(八)靖县血橙

1. 品种来历

靖县血橙(彩图 4-95),系湖南省靖县选出的地方优良品种。该优良品种在湖南靖县及其周边县有种植。它可能为红玉血橙的珠心系。

2. 品种特征特性

树势较强,树冠圆头形。果实扁圆形或圆球形,单果重 170~180 克。果色橙红,带红色斑纹。果肉柔软多汁,甜酸可口,具香气。可溶性固形物含量为 11%~14%,糖含量为 9~11 克/100 毫升,酸含量为 0.9~1.0 克/100 毫升,少核,品质优良。果实于翌年 1~2 月成熟。

靖县血橙,优质,丰产稳产,可在热量条件丰富的地方适量发展。

3. 适应性及适栽区域

靖县血橙的适应性及适栽区域与血橙相同。

4. 栽培技术要点及注意事项

靖县血橙的栽培技术要点及注意事项,与血橙的栽培技术基本一致。

5. 供种单位

中国农业科学院柑橘研究所及其他柑橘供种单位(见本书附录)。

(九)脐血橙

1. 品种来历

脐血橙(彩图4-96,彩图4-97),原产于西班牙。1965年引入我国。目前,四川、重庆、广西、湖南、广东和浙江等省(市、自治区)有少量栽培。

2. 品种特征特性

树势中等,树冠圆头形,树姿较开张。发枝力强,枝条呈丛状。叶色浓绿,叶脉间常有皱褶。果实椭圆形,单果重150~180克。果面光滑,皮较薄,充分成熟后果皮和果肉均显紫红色。果肉细嫩化渣,甜酸可口,富有香气,无核,品质上等。果实于翌年2月份成熟,耐贮藏。

脐血橙具有优质、丰产和晚熟特性。现通过茎尖嫁接,可脱除原来带有的裂皮病。无病毒脐血橙是极有希望的晚熟橙。

3. 适应性及适栽区域

脐血橙的适应性及适栽区域与血橙相同。

4. 栽培技术要点及注意事项

脐血橙的栽培技术要点及注意事项与血橙相同。

5. 供种单位

中国农业科学院柑橘研究所及其他柑橘供种单位(见本书附录)。

第五章　柚类和葡萄柚类良种引种

一、柚　类

柚原产于我国。在长期的生产过程中，我国人民选育出了不少良种柚，仅1985年和1989年，在农业部组织的两次优质水果评比活动中，就评选出浙江的玉环柚、苍南四季抛和常山胡柚，四川的长寿沙田柚、巴县五布柚、南部脆香甜柚、垫江白柚和遂宁沙田柚，福建的平和琯溪蜜柚、云霄的下河蜜柚和福鼎的四季抛，广西平乐的沙田柚和江西南康的斋婆柚等11个优良柚品种。

按风味分，柚可分为甜柚、甜酸柚和酸柚三类。甜柚，如沙田柚、梁平柚和斋婆柚等；甜酸柚，如玉环柚、琯溪蜜柚、脆香甜柚等；酸柚，如毛橘红心柚等。

按成熟期分，柚有早熟、中熟和晚熟三类。早熟柚，如琯溪蜜柚和脆香甜柚；中熟柚，如沙田柚、垫江白柚和玉环柚等；晚熟柚，如晚白柚和矮晚柚等。

良种柚品种繁多，现择其优良者及主要者，简介如下：

（一）沙田柚

1. 品种来历

沙田柚(彩图5-1，彩图5-2)，原产于广西容县，为我国色、香、味俱佳的传统名柚之一。广西、广东和湖南等省(自治区)有较多栽培。

2. 品种特征特性

树势强，树冠高大，树姿开张。枝梢粗壮，直立。果实梨形或葫芦形,单果重1000~1500克,最大的可达3000克。色泽金黄,皮厚,为1.3~1.7厘米。果肉脆嫩清甜,风味独特,品质上等。可食率为47%~49%,果汁率为38%~39%,可溶性固形物含量为15%~16%,糖含量为13~13.5克/100毫升,酸含量为0.36克/100毫升。每果有种子60粒以上;也有种子退化而成无核的。果实于11月上旬成熟,极耐贮藏。丰产,稳产,是主栽和发展的柚类良种。

3. 适应性及适栽区域

沙田柚最适的生态条件是:年平均温度为18℃~22℃,≥10℃的年活动积温为5500℃~7500℃,1月份均温为7℃~13℃,极端低温在-5℃以上,年降水量为1200毫米以上,年日照1200~2000小时。我国的中亚热带和南亚热带气候区,均适种植,包括广东、广西、福建、台湾、四川、重庆、湖南、湖北、云南、浙江和贵州等省(市、自治区)。

4. 栽培技术要点及注意事项

(1)选好砧木育好苗 选酸柚作砧木,亲和力好,植株生长旺盛,树体高大,根系发达,主根强大,苗期生长迅速;缺点是易感染流胶病和脚腐病。用枳作砧木,也表现亲和力好,植株生长健壮,早结果。不仅要选好砧木,而且要按照育苗技术要求,培育好健壮苗木。

(2)选好园地 沙田柚作为商品果品,宜选择集中成片的地域栽培,以形成商品基地。基地地址宜选择土壤疏松,肥沃,深厚,有水源,排水良好的地方,平地、山地均可。对土壤较差的园地,种植前要进行土壤改良,以满足沙田柚喜温暖、湿润,多肥土壤的要求。

(3)配植授粉树,提高着果率 由于沙田柚自花受精能力较弱,故宜配植授粉树进行人工授粉,以利于提高产量。沙田柚配植酸柚作授粉树,比例以9:1(授粉树)为宜。沙田柚用酸柚作授粉树,以提高着果率的效果,见表5-1。

表5-1 沙田柚用酸柚授粉提高着果情况 （广东省农业科学院）

品 种	处 理	授粉株数	授粉花朵	着果率(%)	备注
沙田柚	沙田柚♂×沙田柚♀	5	115	1.7	自花
沙田柚	酸柚♂×沙田柚♀	12	300	33.67	
沙田柚	酸柚♂×沙田柚♀	3	160	37.5	
沙田柚	对 照	3	300	0.33	

(4)肥水管理

①幼树施肥 定植后,1～2年生的幼树,施肥要勤施薄施。3～4年生幼树的施肥,要围绕全年抽发的各次梢进行,通常在新梢萌发前10天左右施入。在新梢生长期,视芽萌发强弱和萌发数量,施2～3次速效水肥,每隔15天淋一次,每次株施尿素50～75克,粪水适量,促叶色转绿。沙田柚的春梢,是沙田柚的主要结果母枝,要注意培养好春梢。保证春梢肥的数量和质量是幼树期春季管理工作的重点。

施肥量的掌握要因树而异。一般3年生树每株年施肥量为:尿素0.4～0.5千克,菜籽饼1～1.5千克,稀肥水100～150千克。以后随树龄增加,施肥量每年应增加40%～50%。

②结果树施肥 沙田柚经过三四年管理后,可以投产,其盛产期可长达15～30年。此间,施肥的目的是使树体健壮,丰产稳产。株产50千克的沙田柚的施肥技术是:施肥量,全年施农家肥和化肥的总量,折合为纯氮1.5千克,磷(P_2O_5)0.6千克,钾(K_2O)0.75千克。全年施四次肥:萌芽肥占全年施肥量的30%,稳果肥占20%,壮果肥占35%,采后肥占15%。

萌芽肥。在1～2月份萌芽前10天左右,施速效肥料,每株施腐熟的人、畜粪水或经沤制的腐熟饼肥水50～100千克,尿素0.5

千克，氯化钾 0.3 千克。

稳果肥。在 4～5 月份谢花后至第一次生理落果前施下。以补充开花消耗的养分，并及时供给幼果细胞分裂合成蛋白质所需的养分，减少落果。株施腐熟的粪水 100～150 千克，尿素 0.3～0.5 千克，或复合肥 0.75～1.0 千克。若在谢花后至生理落果期遇连绵阴雨，为促进幼果正常转绿稳果，可增加根外追肥。在谢花开始时，喷布 0.2%磷酸二氢钾和 0.3%～0.5%尿素的混合肥液，或喷施 0.5%的复合肥液，或喷施 0.05%～0.1%的绿旺叶面肥液，或 10%的腐熟人尿等，连续 2～3 次，每隔 7 天一次，可减少异常生理落果，促进果实膨大。

壮果肥。在 6 月份后施第一次，株施人、畜粪水或饼肥水 100 千克，加尿素 0.5 千克、氯化钾 0.7 千克。也可施高效复合肥 1 千克。第二次在 8 月上中旬进行，是对土壤重施肥料。施肥时，在树冠下挖 2 条长 1～1.5 米，宽、深各 0.5 米的沟，施入绿肥和杂草，撒少许石灰，并放入猪牛栏粪 50 千克，钙镁磷肥 2 千克，饼肥 5.5 千克，然后覆土盖严。

采果肥。一般在果实采收前 15 天左右进行，施入人、畜粪水或饼肥水 50 千克，加尿素 0.2 千克，或在树冠滴水线处开浅沟施复合肥 1 千克。采果后，结合冬季清园，可喷施 0.3%磷酸二氢钾或 0.5%复合肥，以利于花芽分化和采果后恢复树势。

③**水分管理**　干旱时及时灌水，雨多时排水防涝。这也是沙田柚丰产稳产的重要措施之一。

(5)整形修剪，培养丰产树形　为了使柚树早结果，对 2 年生树，可在秋季用拉、吊等方法，培养丰产树冠。修剪时，应尽量保留内膛较纤弱的无叶、少叶枝，使其结果。对成年树修剪时，应掌握“顶上重，四方轻，外围重，内部轻”的修剪原则。具体方法是，在树冠周围枝叶密集处，疏去病虫枝和密集枝，使枝与枝之间分布均匀，通风透光，内部光照良好，枝梢充实健壮。但要注意保留树冠内部、中部3~4年生侧枝上抽发的纤细、深绿无叶枝,以利于结果。

(6)及时防治病虫害 沙田柚常见的主要病虫害,有流胶病、螨类、蚧类、潜叶蛾和天牛等。对于这些病虫害,可采取如下综合防治措施:

一是加强栽培管理,增强树势,提高植株的抗病能力。但是,要防止偏施氮肥。

二是发现由病菌引起的真菌性病害,可用波尔多液和多菌灵防治。如发现有检疫性病害的植株,应及时将其挖除烧毁。

三是对螨类、蚧类、潜叶蛾和卷叶蛾等害虫,应根据其生活习性及时防治。由于沙田柚的叶片大,常有皱褶,在早春气温回升快的年份,尤其要重视四斑黄蜘蛛的防治,特别要注意对叶背喷药。

5. 供种单位

中国农业科学院柑橘研究所,广西壮族自治区柑橘研究所,广西壮族自治区容县农业局,广西壮族自治区平乐县农业局及其他柑橘供种单位(见本书附录)。

(二)琯溪蜜柚

1. 品种来历

琯溪蜜柚(彩图5-3,彩图5-4),原产于福建省平和县琯溪河畔西圃洲地。全国不少柑橘产区有引种种植。

2. 品种特征特性

树冠圆头形,较开张,长势旺,枝叶稠密。果实倒卵形或圆锥形,单果重1 500~2 000克,大的可达4 700克。果色淡黄,果皮厚1.3~1.8厘米。可食率为60%~65%,果汁率为50%~55%,可溶性固形物含量为10.5%~12%,糖含量为8~10克/100毫升,酸含量为0.7~1克/100毫升。常无核,品质佳。果实于10月中下旬成熟,较耐贮藏。

3. 适应性及适栽区域

适应性强。用酸柚或当地土柚做砧木,易栽易管,结果早,丰产稳产,4~5年生即始果。成年树株产100个果左右,多的高产树达524个果,重788.7千克。琯溪蜜柚优质,丰产稳产,是我国主栽和发展的早熟柚类。

4. 栽培技术要点及注意事项

琯溪蜜柚的栽培技术要点及注意事项,与沙田柚相同。

5. 供种单位

中国农业科学院柑橘研究所,福建省平和县农业局及其他柑橘供种单位(见本书附录)。

(三)玉环柚

1. 品种来历

玉环柚(彩图5-5,彩图5-6),又名楚门文旦。原产于浙江玉环,原种引自福建,经驯化变异而得。

2. 品种特征特性

树体高大,树冠开张,枝条粗壮。果实有扁圆锥形和高圆锥形两种,单果重1000~2000克。果皮橙黄,皮厚1~2厘米。可食率为59%~65%,果汁率为40%,可溶性固形物含量为11%~13%,高的可达17%,糖含量为9.5~10克/100毫升,酸含量为0.8~1.0克/100毫升。少籽或无籽,品质优;丰产稳产。裂果严重则是其不足。

3. 适应性及适栽区域

适应性较强,主要在浙江省台州市各县及周边县栽培。以玉环县主产。每667平方米栽40株的5~8年生树,每667平方米产量可达1 500～2 000千克。砧木可用酸柚或玉橙(杂柑)和枸头橙,在山地、平地和海涂均可种植。

玉环柚是目前推广的良种柚之一。

4. 栽培技术要点及注意事项

玉环柚的栽培技术要点及注意事项,与沙田柚相同。

5. 供种单位

浙江省玉环县农林局,浙江省柑橘研究所,中国农业科学院柑橘研究所及其他柑橘供种单位(见本书附录)。

(四)垫江白柚

垫江白柚(彩图5-7,彩图5-8),又名垫江柚。

1. 品种来历

原产于重庆垫江黄沙岩,故时有人称其为垫江黄沙白柚。

2. 品种特征特性

树势强旺,树冠高大,圆头形。枝叶繁茂。叶色浓绿,长椭圆形。果实倒卵形,较大,单果重1 300～1 500克。果实顶端微凹,有不明显的环纹,基部微凹,有浅而短的沟纹。果面黄色,油胞大而凸出,略显粗糙。皮厚,果心大而空。果肉白色,细嫩化渣,甜酸爽口,风味较浓。单果有种子60粒以上(有少核的),品质上等。果实于11月上中旬成熟,久贮易出现汁胞粒化。是重庆、四川等省(市)目前推广的品种。

3. 适应性及适栽区域

垫江白柚的适应性及适栽区域与沙田柚相同。其栽培区主要是重庆市和四川省。

4. 栽培技术要点及注意事项

垫江白柚的栽培技术要点,与沙田柚相同。其施肥要掌握以下要领：

一是重施采果肥。通常在采果前，即9月底至10月初，施用迟效性肥料(油饼，磷肥，人、畜粪为主)，以利于恢复树势，促进花芽分化，使翌年高产稳产。

二是早施发芽肥。一般在2月下旬至3月上旬，以速效性氮肥为主，配合其他有机肥，以便促梢、壮梢和提高花枝质量，为提高着果率打好基础。

三是巧施稳果肥。在两次生理落果中，应抓住第二次生理落果期，一般在5月中下旬施肥，以迟效性肥料适当加入速效性氮肥，以达稳果之目的。

四是增施壮果肥。8月上旬，正当果实迅速膨大和秋梢抽发时期，可将有机肥和无机肥结合施用，以利于丰产，并为下年结果打下基础。

五是进行根外追肥。在谢花后，用0.5%尿素作叶面喷施，或喷施浓度为10~30毫克/千克的2,4-D液保果，以减少异常生理落果，提高产量。

5. 供种单位

重庆市垫江县农业局，中国农业科学院柑橘研究所及其他柑橘供种单位(见本书附录)。

(五)通贤柚

1. 品种来历

通贤柚(彩图5-9，彩图5-10)，原产于四川内江市(现资阳市)安岳县通贤乡，故名通贤柚。系1929年引自福建漳州，后经实生繁殖变异选育而成的品种。

2. 品种特征特性

树势健壮，树冠圆头形。枝梢粗壮。果实椭圆形，有顶，蒂部正或略歪。果色橙黄。单果重1 000～1 500克。果皮薄,具芳香气,易剥。果肉细嫩化渣,甜酸适口,汁多味浓,无核。可溶性固形物含量为13%～14%,糖含量为9～10克/100毫升,酸含量为0.3～0.4克/100毫升。果实于11月上旬成熟,耐贮藏。

通贤柚是四川省推广发展的品种。

3. 适应性及适栽区域

通贤柚抗逆性强,适应性广,丰产。其适应性及适栽区域与沙田柚基本相同。

4. 栽培技术要点及注意事项

通贤柚的栽培技术要点及注意事项,同沙田柚的栽培技术。

5. 供种单位

四川省安岳县农业局,中国农业科学院柑橘研究所及其他柑橘供种单位(见本书附录)。

(六)梁平柚

梁平柚(彩图5-11,彩图5-12),又名梁山柚。

1. 品种来历

梁平柚原产于四川省梁平县(现属重庆),以梁平县为主要产地,重庆市的不少县(区)及四川省的达川、广安也有种植。

2. 品种特征特性

树势中等,树冠较矮小,树姿开张。果实扁圆或阔卵形。单果重1000～1300克。果色金黄,具光泽,果皮中厚。果肉细嫩多汁,可溶性固形物含量为11%～13%,糖含量为8.4～8.9克/100毫升,酸含量为0.3～0.4克/100毫升,可食率为60.5%～66.7%。少核,味甜酸少,但略带苦麻余味,品质好。果实于10～11月份成熟,耐贮藏。

梁平柚丰产稳产,优系(少核)可供四川、重庆等省(市)发展。

3. 适应性及适栽区域

梁平柚的适应性及适栽区域,与沙田柚基本相同。

4. 栽培技术要点及注意事项

梁平柚的栽培技术要点及注意事项,与沙田柚基本相同。

5. 供种单位

重庆市梁平县农业局,重庆市果树研究所,中国农业科学院柑橘研究所及其他柑橘供种单位(见本书附录)。

(七)长寿沙田柚

长寿沙田柚(彩图 5-13),又名古老钱沙田柚、长寿正形沙田柚。

1. 品种来历

系从广西引入沙田柚种子实生繁殖选育而成。以重庆市长寿县栽培最多,周边县(区)也有栽培。

2. 品种特征特性

树势强,树姿开张。枝条细长较密。果实葫芦形,顶部微凸,有印环,印环有放射状的细轴条纹,似古老钱,故而又称古老钱沙田柚。单果较小,重 600~1 000 克。果色橙黄,皮中厚。果肉脆嫩化渣,味浓甜。可食率为 56.4%,果汁率为 41%,可溶性固形物含量为 12.8%,糖含量为 8.2 克/100 毫升,酸含量为 0.5 克/100 毫升。单果有种子 60 粒以上,也有少核者。品质优,耐贮藏。果实于 11 月上中旬成熟。

长寿沙田柚优质,丰产稳产,可供发展,尤为重庆长寿发展的主要柑橘品种。

3. 适应性及适栽区域

长寿沙田柚的适应性及适栽区域,与沙田柚基本相同。

4. 栽培技术要点及注意事项

长寿沙田柚的栽培技术要点及注意事项,与沙田柚的栽培技术基本一致。

5. 供种单位

重庆市长寿区农业局果品办公室,重庆市果树研究所,中国农业科学院柑橘研究所及其他柑橘供种单位(见本书附录)。

(八)五布柚

五布柚(彩图 5-14),又叫五布红心柚。

1. 品种来历

五布柚原产于重庆市巴县(现巴南区),为选出的地方良种柚,重庆市巴南区及邻近县、区有栽培,浙江也有引种。

2. 品种特征特性

树势中等,树姿开张。枝条细软,略披垂。果实扁圆形或阔卵形,单果重 1 300 克左右。果面光滑,果色橙黄,顶部广平,具印环,皮较厚。肉质柔嫩,味甜酸,可食率为 51%,果汁率为 45%,糖含量为 7~8 克/100 毫升,酸含量为 0.7~0.8 克/100 毫升。单果平均有种子约 70 粒。品质较好,丰产,结果早。果实于 9 月下旬至 10 月上旬成熟。果实较不耐贮藏。

五布柚可作早、中、晚熟品种配套适量种植。

3. 适应性及适栽区域

五布柚的适应性及适栽区域与沙田柚相同。

4. 栽培技术要点及注意事项

五布柚的栽培技术要点及注意事项与沙田柚基本一致。

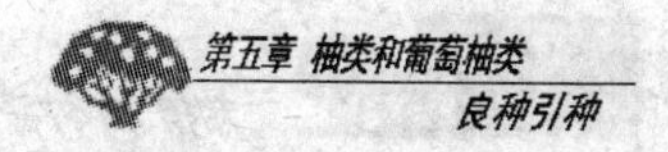

5. 供种单位

重庆市巴南区农业局，重庆市果树研究所，中国农业科学院柑橘研究所及其他柑橘供种单位(见本书附录)。

(九)四季抛

四季抛(彩图 5-15，彩图 5-16)，又名四季柚。

1. 品种来历

四季抛原产于浙江省苍南县马站，系从土柚的实生变异中选育而成。它以浙江省苍南县为主要产地，周边的县(市)也有一些栽培。

2. 品种特征特性

树势中等，树冠圆头形或半圆形。枝梢节间短。果实倒卵形，顶部广阔，基部尖窄。果实中等大，单果重 700～1 300 克。果面黄色，光滑，果皮较薄。果实肉质脆嫩，多汁，具香气。可溶性固形物含量为 11%～13%，糖含量为 9 克/100 毫升，酸含量为 0.8～0.9 克/100 毫升。少核或无核。果实于 11 月上中旬成熟。

四季抛有无核、红肉和白肉三种类型，以无核和红肉型品质佳。可供浙江省南部和福建省的柚区种植。

3. 适应性及适栽区域

四季抛的适应性及适栽区域与沙田柚相同。

4. 栽培技术要点及注意事项

四季抛的栽培技术要点及注意事项与沙田柚相同。

5. 供种单位

浙江省苍南县农林局，中国农业科学院柑橘研究所及其他柑橘供种单位(见本书附录)。

(十)永嘉早香柚

永嘉早香柚(彩图 5-17,彩图 5-18),又名永嘉香柚。

1. 品种来历

永嘉早香柚系从浙江省永嘉县土柚实生变异中获得的优良品种。以永嘉县栽培最多,周边县(市、区)也有少量栽培。

2. 品种特征特性

树势健壮,树冠圆头形。枝梢粗壮,内膛枝梢生长均匀。果实梨形,单果重 1000~1500 克。果面光滑,果色橙黄。果肉乳白色,肉质脆嫩化渣,糖多酸少。可溶性固形物含量为 11%~13%。果实少核或无核,品质佳。果实于 9 月下旬成熟。结果早。丰产稳产。在永嘉早香柚生产上,常用枳或朱栾作砧木。

早香柚早熟质优,可供我国柚区,特别是浙江、江西等省作为柚的早熟品种种植。

3. 适应性及适栽区域

永嘉早香柚的适应性及适栽区域,与沙田柚相同。

4. 栽培技术要点及注意事项

永嘉早香柚的栽培技术要点及注意事项,与沙田柚基本一致。

5. 供种单位

浙江永嘉县农林局,浙江省柑橘研究所,中国农业科学院柑橘研究所及其他柑橘供种单位(见本书附录)。

(十一)强德勒红心柚

1. 品种来历

强德勒红心柚(彩图 5-19,彩图 5-20),于 20 世纪 90 年代引自美国。在我国重庆等地种植后,表现结果早,丰产稳产和早熟。现已作为柚类发展品种之一加以推广。

2. 品种特征特性

树势中等,树姿开张,树冠圆头形。果实高扁圆形,果面橙色,果皮中等厚。单果重800～1 500克。果肉带红色,脆嫩化渣,汁较多,甜酸适口,品质佳。可食率为50%左右,可溶性固形物含量为10%～11.5%,糖含量为7.5～8.5克/100毫升,酸含量为0.6～0.7克/100毫升。单果平均有种子60粒左右。果实于11月初成熟,较耐贮藏。

强德勒红心柚,因其结果早,早熟,优质,肉质带红,丰产稳产,故为目前推广发展的品种。

3. 适应性及适栽区域

强德勒红心柚的适应性及适栽区域与沙田柚基本相同。

4. 栽培技术要点及注意事项

见沙田柚。

5. 供种单位

中国农业科学院柑橘研究所及其他柑橘供种单位(见本书附录)。

(十二)江永早香柚

1. 品种来历

江永早香柚(彩图5-21),系湖南省江永县从早熟柚中选出的优质早熟柚,为早熟1号、早熟2号和早熟3号的总称。目前,以江永县栽培最多,周边县(市)也有栽培。

2. 品种特征特性

树冠圆头形,树势中等或强。果实梨形,单果重1 000克左右,大的可达1 200克。果面橙黄,果皮中厚。果肉黄白色,细嫩化渣,汁多,甜酸适口,味较浓。可溶性固形物含量为10%～13%。单果平均有种子100粒左右。果实于9月下旬成熟。着果率高,易栽培,可作为柚的配搭早熟品种适量种植。

3. 适应性及适栽区域

江永早香柚的适应性及适栽区域,与沙田柚基本相同。

4. 栽培技术要点及注意事项

江永早香柚的栽培技术要点及注意事项,与沙田柚基本一致。

5. 供种单位

湖南江永县农业局,中国农业科学院柑橘研究所及其他柑橘供种单位(见本书附录)。

(十三)龙都早香柚

1. 品种来历

龙都早香柚(彩图5-22),是四川省自贡市选育的早熟柚优良株系,主要在四川省自贡市及其邻近县(市)栽培。

2. 品种特征特性

树冠圆头形,树高4～5米,冠幅4～6米,生长势较旺。成熟枝为圆形,幼嫩枝有棱。果形端正,短圆锥形,单果重1 500克左右。果顶微凹,多有印环,果基部较平,有短放射沟。果皮厚1.5厘米左右。肉质细嫩,较脆,味甜,微酸,余味微有苦感。单果平均有种子20粒左右。品质上等。可食率为56%,可溶性固形物含量为10.5%,糖含量为8克/100毫升,酸含量为0.5克/100毫升。果实于9月下旬成熟,不耐贮藏。结果早,丰产,4年生树可开花结果,成年树可结果100个左右。龙都柚作为配套品种,可在四川、重庆和湖北等柑橘产区种植。

3. 适应性及适栽区域

龙都早香柚的适应性及适栽区域，与沙田柚基本相同。

4. 栽培技术要点及注意事项

龙都早香柚的栽培技术要点及注意事项，与沙田柚基本一致。

5. 供种单位

四川省自贡市农业局果树站，中国农业科学院柑橘研究所及其他柑橘供种单位(见本书附录)。

(十四)斋婆柚

1. 品种来历

斋婆柚，系从广西沙田柚中选出的良种，江西也有栽培。

2. 品种特征特性

树势强，树姿开张。枝条细长，较密。果实倒卵形，单果重600～800克。果色橙黄，皮中厚。果肉细嫩，味甜。可溶性固形物含量为13.8%，糖含量为11.2克/100毫升，酸含量为0.33克/100毫升。果实于11月中下旬成熟。

用酸柚作砧木的斋婆柚，优质丰产，可在赣南适量种植。

3. 适应性及适栽区域

斋婆柚的适应性及适栽区域，与沙田柚基本相同。

4. 栽培技术要点及注意事项

斋婆柚的栽培技术要点及注意事项，与沙田柚基本一致。

5. 供种单位

江西省赣州果业局。

(十五)丝线柚

1. 品种来历

丝线柚,系广东省南海市平洲镇平西村农家品种,是中秋应市的早熟柚,在南海市和周边县(市)有种植。

2. 品种特征特性

树冠圆头形,生长势强。幼枝有棱,密生短茸毛。果实以卵圆形、短卵圆形为主,也有成短葫芦形的,不整齐。单果重600~800克,大的可达1000克。果皮深灰绿至浅绿色。果顶中心微凹,广平。果肉质脆化渣,无苦麻味,口感佳。可溶性固形物含量为10.5%,糖含量为8.39克/100毫升,酸含量为0.58克/100毫升。果实于9月下旬成熟。丰产,进入盛果期株产可达65个左右。可作为早熟柚配套适量种植。

3. 适应性及适栽区域

丝线柚的适应性及适栽区域,与沙田柚基本相同。

4. 栽培技术要点及注意事项

丝线柚的栽培技术要点及注意事项,与沙田柚基本一致。

5. 供种单位

广东省南海市农业局,广东省农业科学院果树研究所。

(十六)脆香甜柚

1. 品种来历

脆香甜柚(彩图5-23),原产于四川省苍溪县,以四川省苍溪和南部两个县栽培较多。

2. 品种特征特性

树势中等,树冠圆头形。枝梢短粗,稀疏。果实阔卵形或锥状扁圆形,单果重 1300~1500 克。果皮薄,色泽橙黄。肉质脆,具香气,风味佳,品质上等。可溶性固形物含量为 11.4%,糖含量为 9 克/100 毫升,酸含量为 0.6 克/100 毫升。单果平均有种子 60 粒左右。果实于 10 月上中旬成熟。

脆香甜柚,外形美,内质较好,丰产,可作配套品种发展。

3. 适应性及适栽区域

脆香甜柚的适应性及适栽区域,与沙田柚基本相同。

4. 栽培技术要点及注意事项

脆香甜柚的栽培技术要点及注意事项,与沙田柚基本一致。

5. 供种单位

四川省南部县农业局。

(十七)麻豆柚

麻豆柚(彩图 5-24),又名麻豆文旦。

1. 品种来历

麻豆柚,原产于台湾省,系台湾南部柚类的主栽品种。福建也有少量栽培。

2. 品种特征特性

树势中等,树冠矮小紧凑,树姿开张。枝粗短,密生,叶片厚、较小。果实倒卵形或梨形,单果重 500~800 克。果面淡黄色,光滑、皮较薄。果肉脆嫩,甜酸适口,汁少,有时微带苦味。可溶性固形物含量为 10%~11%,糖含量为 7.5~8.5 克/100 毫升,酸含量为 0.6~0.7 克/100 毫升。品质上等。果实于 8 月底至 10 月下旬采收。

麻豆柚早熟,丰产质优,果实耐贮藏,可作为配套品种适量种植。

3. 适应性及适栽区域

麻豆柚的适应性及适栽区域,与沙田柚基本相同。

4. 栽培技术要点及注意事项

麻豆柚的栽培技术要点及注意事项,同沙田柚的栽培。

5. 供种单位

中国农业科学院柑橘研究所及其他柑橘供种单位(见本书附录)。

(十八)金香柚

金香柚,又名甜柚和冬瓜柚。

1. 品种来历

金香柚,原产于湖南省慈利县,以湖南常德地区栽培较多,周边区、县有少量栽培。

2. 品种特征特性

树冠高大,树势强健。树枝粗壮,直立。果实长倒卵形,平均单果重 600 克左右。果色金黄,果皮松软,中等厚。果肉黄色,汁多味甜。可溶性固形物含量为 10%~11%,糖含量为 7.5~8 克/100 毫升,酸含量为 0.3~0.4 克/100 毫升,品质上等。果实于 9 月下旬至 10 月上旬成熟。

金香柚早熟,色泽金黄,香气浓郁,味甜质优,可供柚区配套适量种植。

3. 适应性及适栽区域

金香柚的适应性及适栽区域,与沙田柚基本相同。

4. 栽培技术要点及注意事项

金香柚的栽培技术要点及注意事项,与沙田柚基本一致。

5. 供种单位

湖南省慈利县农业局，中国农业科学院柑橘研究所。

（十九）福鼎早蜜柚

1. 品种来历

福鼎早蜜柚，系 1966 年福建省福鼎县从本省平和县引入接穗，以土柚为砧木进行繁殖，1992 年因其早熟而在福鼎等县大量种植而成为优良品种。

2. 品种特征特性

树势旺，树冠圆头形，树姿开张。枝梢硬直而稀。果实倒卵形，单果重 1000～2000 克。果色浅黄，果顶微凹或平，果基平或一侧耸起，有明显的放射状沟数条。肉质较脆嫩，味清甜，酸少，果汁量中等。可溶性固形物含量为 10%～14%，果实无种子或只有少量种子，品质上乘。果实于 10 月中下旬成熟。结果早，丰产稳产，定植 3 年即结果，8～10 年进入盛果期，株产可达 150 千克，高的可达 250 千克。可作为柚的配套品种适量种植。

3. 适应性及适栽区域

福鼎早蜜柚的适应性及适栽区域，与沙田柚基本相同。

4. 栽培技术要点及注意事项

福鼎早蜜柚的栽培技术要点及注意事项，与沙田柚基本一致。

5. 供种单位

福建省福鼎县农业局。

（二十）金堂无核柚

1. 品种来历

金堂无核柚，系四川省金堂县的地方良种柚，有 100 年以上的栽培历史，金堂及周边县（市）有种植。

2. 品种特征特性

树势强，树冠高大，圆头形；果实高扁圆形，单果重 1 100～2 000克，果色浅黄，皮较薄；果实可食率 60%左右，可溶性固形物 10%～11.5%，果汁率 45%～50%，无核，微带苦麻味，品质较好；果实于 12 月底至翌年 1 月初成熟，可作为配套品种适量种植。

3. 适应性及适栽区域

与沙田柚基本一致。

4. 栽培技术要点及注意事项

同沙田柚栽培技术。

5. 供种单位

四川省金堂县农业局。

（二十一）真 龙 柚

1. 品种来历

真龙柚，系重庆市忠县从沙田柚的芽变中选得的良种柚，目前在忠县大力发展，邻近县也有种植。

2. 品种特征特性

树势健壮，树冠圆头形，树姿开张。单果重 1 000～1 500 克，大的可达 2 500 克。果面黄色，皮中厚。果肉脆嫩，味清甜。可溶性固形物含量为 12%～13%，糖含量为 9～10 克/100 毫升，酸含量为 0.4 克/100 毫升左右，品质优。果实于 11 月中下旬至 12 月初成熟，耐贮藏。

真龙柚可作为柚类的配套品种，在重庆、四川柑橘产区适当种植。

3. 适应性及适栽区域

真龙柚的适应性及适栽区域，与沙田柚基本相同。

4. 栽培技术要点及注意事项

真龙柚的栽培技术要点及注意事项，与沙田柚基本一致。

5. 供种单位

重庆市忠县农业局。

（二十二）东试早柚

1. 品种来历

东试早柚，系云南省西双版纳州东风农场试验站，在20世纪60年代后期从实生柚变异中选出的特早熟良种柚。目前，在该州及周边有种植。

2. 品种特征特性

树势强，树姿开张。叶片长椭圆形。果实倒卵形，平均单果重1 000～1 300克。果皮黄色，易剥，厚度为1.2～1.5厘米。单果有种子100粒以上。果肉淡黄色，质地细嫩化渣，无异味。可溶性固形物含量为10.5%，酸含量为0.5克/100毫升，品质优良。结果早，丰产稳产，5年生树株产70千克，成年树株产高的可达200千克。果实于8月下旬成熟。

3. 适应性及适栽区域

最适在年均温为20℃～22℃，≥10℃的年活动积温为6 500℃～8 000℃，年降水量为1 000～2 000毫米，土壤pH值为5.5～6.5，地势平坦，排水良好，土质疏松，土层深厚、肥沃的地域种植。可在西双版纳及周边县(市)适量种植。

4. 栽培技术要点及注意事项

东试早柚的栽培技术要点及注意事项，与沙田柚基本一致。

5. 供种单位

云南省西双版纳州东风农场试验站。

(二十三)特早熟蜜柚

1. 品种来历

特早熟蜜柚(彩图 5-25,彩图 5-26),是 1990 年广东省农业科学院果树研究所在大埔县湖寮镇选出的特早熟优系。它主要分布在广东大埔县、连平县和东源县。

2. 品种特征特性

树冠矮小,紧凑。果实高扁圆形,单果平均重 984 千克左右,有种子 50~100 粒。糖含量为 8.6~9.5 克/100 毫升,酸含量为 0.6~0.7 克/100 毫升。果实于 8 月上中旬成熟。

3. 适应性及适栽区域

特早熟蜜柚适应性较广,适合在柚类种植区栽培,早熟,品质好,惟果实不耐贮。

4. 栽培技术要点及注意事项

同其他柚类的栽培技术。

5. 供种单位

广东省农业科学院果树研究所,广东省大埔县农业局等单位。

(二十四)晚 白 柚

晚白柚(彩图 5-27,彩图 5-28),又名台湾白柚。

1. 品种来历

晚白柚,原产于马来半岛,在台湾、四川、福建和重庆等省(市)有栽培,是晚熟的优良品种。

2. 品种特征特性

树势较强,树冠圆头形,树姿开张。枝条粗壮,披垂,叶大而宽。果实扁圆形或圆球形,果顶和果蒂两端近对称。单果重1 500~2 000克。果面光滑,果色橙黄,果肉白色。细嫩多汁,甜酸适口,富有香气。可溶性固形物含量为11%~13.5%,糖含量为8~10.5克/100毫升,酸含量为1.0~1.1克/100毫升。少核或无核,品质优。果实于12月底至翌年1月份成熟,耐贮藏。丰产稳产,结果早,是目前推广的晚熟柚优良品种。

3. 适应性及适栽区域

晚白柚的适应性及适栽区域,与沙田柚基本相同。

4. 栽培技术要点及注意事项

晚白柚的栽培技术要点及注意事项,与沙田柚基本一致。

5. 供种单位

中国农业科学院柑橘研究所及其他柑橘供种单位(见本书附录)。

(二十五)三元红心柚

1. 品种来历

三元红心柚(彩图5-29),是重庆市涪陵原产的地方良种柚。

2. 品种特征特性

树势健壮,树冠圆头形。果实长椭圆形或近圆柱形,单果重800~2 000克。果肉红,质脆化渣,甜酸适中,少核或无核,品质中上。果实于11月中下旬成熟。

3. 适应性及适栽区域

三元红心柚的适应性及适栽区域,与沙田柚基本相同。

4. 栽培技术要点及注意事项

三元红心柚的栽培技术要点及注意事项,与沙田柚的栽培基本一致。

5. 供种单位

重庆市涪陵区农业局果树站。

(二十六)矮晚柚

1. 品种来历

矮晚柚(彩图 5-30,彩图 5-31),系四川省遂宁市名优果树研究所从晚白柚中选出的优系。现以遂宁地区为主栽,全国不少柚产区有引种、试种,表现矮化、早结果,晚熟,丰产稳产。

2. 品种特征特性

树冠矮小紧凑。枝梢粗壮,柔软而披散下垂。叶片大、厚,叶色浓绿。果实扁圆形或高扁圆形、圆柱形,单果重 1500~2000 克,大的可达 3600 克。果皮黄色,光滑。果肉白色,肉质细嫩,汁多化渣,甜酸爽口,味浓甜带酸,充分成熟时有浓郁的芳香气。可溶性固形物含量为 11%~12.5%,糖含量为 8~10 克/100 毫升,酸含量为 0.8~0.9 克/100 毫升。少核或无核,品质佳。果实于翌年 1~2 月份成熟,极耐贮。结果早,酸柚砧矮晚柚种植后第二年始花 60%,第三年全部结果,平均株产 10 个果以上,最高株产 25 个,第四年树高不足 2 米,株产果 30~42 个。

3. 适应性及适栽区域

矮晚柚适应性广,抗逆性强,凡可种植柚的地区均可种植。因其果挂树越冬,最适在冬季无严寒的温暖地区种植。矮晚柚是目前我国推广发展的优良晚熟柚。

4. 栽培技术要点及注意事项

因矮晚柚树冠矮小紧凑,宜实行计划密植,株行距为1.5米×2.0米,永久性株行距为2米×3米。定植在秋、春两季皆可。冬季温度较低的地方宜春季定植。出圃苗假植1~2年后,带土定植更适宜,成活率高,结果早。修剪,幼龄树宜轻不宜重。要重点培养健壮的春梢和秋梢。整形采取低干、矮冠,做到主枝少(3大主枝),枝序多,形成紧凑的自然开心形树冠。其他管理技术,与沙田柚管理相同。

5. 供种单位

四川省遂宁市名优果树研究所。

(二十七)常山胡柚

常山胡柚(彩图5-32,彩图5-33),又名常山金柚。

1. 品种来历

常山胡柚,原产于浙江省常山县,可能是柚与甜橙为主的天然杂种。以常山县为主栽,邻近县(市)有栽培,不少省有引种。

2. 品种特征特性

树势健壮,树冠圆头形。果实梨形或球形,果皮黄色或橙黄色,有粗皮和细皮之分。平均单果重350克左右,果皮平均厚0.62厘米。囊壁厚,与果肉易分离。果实可食率为60%~70%,果汁率为57%,可溶性固形物含量为11%~13%,优株可高达16%。糖含量为9~10克/100毫升,酸含量为0.9克/100毫升。果实种子较少,品质优良。果实于11月上中旬成熟。果实极耐贮藏,贮至翌年4~5月份,果色新鲜,酸度下降,总糖和维生素C含量变化不大,糖酸比值高,风味变好,好果率高达84.7%。若用药物进行处理或薄膜包装,好果率则更高,达90%以上。结果早,丰产稳产,3~4年生树即产果,4~5年生树株产量为20~25千克,11~20

年生树株产量可达100～150千克。

3. 适应性及适栽区域

常山胡柚适应性广。它的最大特点是耐低温。在当地1992年严重冻害中表现抗寒。当地的椪柑和温州蜜柑冻后大幅度减产,而胡柚在1993年则仍保持增产。

4. 栽培技术要点及注意事项

(1)高标准建园 要选择避风向阳,土层深厚,靠近水源,交通方便的地方建园。

(2)培育壮苗 可供常山胡柚选用的砧木范围较广,多达10余种,尤以枳、香抛、本砧为佳。要选择最适砧木,培育良种优系壮苗。

(3)挖沟定植 在丘陵红、黄壤土地区种植常山胡柚,为解决土壤黏重、有机质少和酸重的问题,应在挖沟改土后栽植。梯面中间挖宽、深各1米的沟,并将垃圾、杂草等土杂肥,与挖起的生土分层填入沟内,土杂肥的施用量为每667平方米10～15吨。同时,每667平方米加施100～150千克生石灰。回填后,使沟面高出土面20～30厘米。待土壤沉实后,定点开穴,加定植土种植。在定植后的2～4年内,每年对定植沟旁的土层进行细耕,并结合深施有机肥,进行一次全园深翻。定植的株行距,一般以4米×3.5米,或4米×4.5米,即每667平方米栽40～50株为宜。

(4)施肥管理 对幼龄树和投产树应采取不同的方法进行施肥。

①幼龄树施肥 对幼龄树应坚持勤施薄施肥水。

②投产树施肥 一是早施和施足芽前肥:在2月下旬至3月上旬施入,肥料以多元复合肥为好,此次施肥量为全年施肥量的30%～35%。二是适时施稳果肥、壮果肥:在6月下旬至7月上旬。梅雨季节将结果时,施一次定果肥;在8月下旬,结合抗旱和

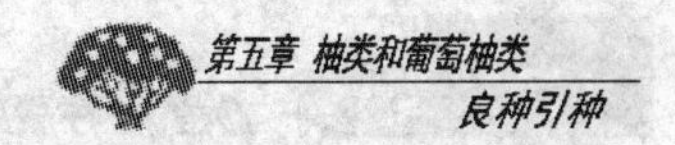

铺草，追施一次壮果肥。所用肥料，以有机肥（饼肥）为主，增施磷、钾肥，以提高果实品质。此次施肥量为占全年施肥量的35%～40%。三是及时施采果肥：一般宜在11月上旬施入。先施速效的氮、磷、钾肥。过7～10天后，再施有机肥。此次施肥量为全年施肥量的25%～30%。此外，可结合喷药进行根外追肥，喷施0.3%～0.5%尿素和0.2%磷酸二氢钾等液肥。

(5)修剪与疏果 胡柚易形成结果母枝。一般情况下，内部枝能正常生长，且2～3年生枝能成为结果母枝。内膛秃枝少，结果性能好，故修剪宜轻。通常只剪扰乱树形的徒长枝、病虫枝、密生枝、枯枝和交叉枝等，而适当保留内膛枝。对盛果期树，要逐步回缩，以保持一定的树冠间距，衰老枝群应予更新。在郁闭园，应从柚树基部适当去除1～2个枝径3厘米以上的遮荫严重的直立大枝，即开好“天窗”。通常宜疏剪，而应少短截。

为提高果实质量，应进行疏果。稳果后常在7月上旬至8月中旬分两次疏果。留果数量按叶果比为60～70∶1的标准掌握。也可根据树冠和树龄的大小，大致按株产量50千克的柚树，留250个左右果的标准控制留果数量。第一次先疏除病虫果、畸形果、粗皮果和特小果；第二次在8月上旬进行，按留果标准疏去多余的果。留树果实应分布均匀合理，大小一致。

(6)合理灌溉 要做到需水及时灌，水多及时排。

5. 供种单位

浙江省常山县农业局、科技局。

（二十八）温岭高橙

1. 品种来历

温岭高橙（彩图5-34，彩图5-35），原产于浙江省温岭地区，是温岭特有的地方良种，推测是柚和甜橙的天然杂种。以温岭为主栽,邻近县(市)也有栽培。

2. 品种特征特性

树势强健,树冠圆头形。果实高扁圆形,单果重400~450克。果面橙黄较粗。果肉柔软,汁多。可溶性固形物含量为12%~14%,糖含量为8.8克/100毫升,酸含量为1.5~1.7克/100毫升。少核。果实于11月中下旬成熟,极耐贮,贮至次年4~5月份,品质仍佳。

3. 适应性及适栽区域

温岭高橙适应性广,抗逆性强,耐旱,耐涝,耐盐碱。它在山地、平原和海涂,房前、屋后和路边,均可种植。具有早结果,丰产稳产的特性。本砧嫁接树,3~4年生树能始花结果。10年生树进入盛果期,株产柚50千克以上。作为地方良种,它适宜在浙江省台州市各县(市)适量种植。

4. 栽培技术要点及注意事项

一是合理种植。种植要选择肥沃疏松的土地,并且在不同的地形上采用不同的密度。一般山地每667平方米栽60株,平地每667平方米栽50株。种植要开穴(沟),筑高墩。在山地,穴深0.8米,要分层施足基肥,待土壤改良、熟化后再行定植。在地下水位高的平原水网地区,要筑高墩定植。墩底直径为1.8~2米,墩面直径为0.75~0.8米,墩高0.8米。种植的时间,以春芽萌动前为宜。带土苗木,在秋季也可进行栽植。

二是科学施肥。在7月上中旬施壮果肥,使果实正常发育膨大。用肥量占全年肥量的60%~70%。春芽萌动前,适量施催芽肥,以促进春梢健壮生长,开花正常。施肥量占全年量的10%左右。采后补肥,使树体安全越冬。施肥量占全年量的20%~30%。肥料要氮、磷、钾配合,三者的比例以10:4:7为宜。

三是轻度修剪,以疏删为主,结合短截。疏删细弱枝和密枝,剪除病虫枝，短截交叉枝和过长枝，尽可能保留内膛枝，使其结果。

四是做好病虫害的防治工作。尤其要注意疮痂病、天牛、潜叶蛾和花蕾蛆的防治，而且要做好中耕、除草和平地果园的开沟排水工作。

5. 供种单位

浙江省温岭市农林局林特站。

二、葡萄柚类

葡萄柚，是世界四大类柑橘之一。它的产量约占世界柑橘总产量的6%～7%，以美国、以色列、阿根廷等国为其主产国。我国20世纪20～50年代开始引进葡萄柚，后又数次引进。目前，葡萄柚在重庆、四川、福建、广东、广西和浙江等省（市、自治区）有少量栽培，但缺乏一定的规模。随着我国加入世界贸易组织，我国的柑橘业开始与国际柑橘业接轨。面对这种形势，在我国热量条件好的两广、福建和云南低海拔河谷地区，可适量发展葡萄柚，以满足市场对其鲜食果和果汁的需求。现将适合我国种植的葡萄柚类的主要品种及其引种栽培技术介绍如下：

（一）葡萄柚

1. 品种来历

葡萄柚可能是柚的天然杂种。1750年，它被发现于西印度群岛的巴巴多斯。因其结果成串，风味偏酸，类似葡萄，故而得名为葡萄柚。

2. 品种特征特性

葡萄柚树冠圆头形，树势强，树姿紧凑。枝梢较密，微披垂。叶片卵圆形，翼叶较大，倒卵形。果实扁圆，端正，果个中等大，单果重150～600克。果色淡黄，也有的是橙红色或深红色，或海绵状黄白色。其囊瓣为13～14瓣，不易分瓣。可食率为64%～76%，糖含量为7.5～8.5克/100毫升，酸含量为2.1～2.4克/100毫升，可溶性固形物含量为10.5%～11.5%。果肉柔嫩多汁，甜酸爽口，略带苦味。种子多粒或没有。种子多胚，子叶白色。果实于11月中下旬至12月份成熟，适宜留树贮藏，分期分批采收。丰产性好，一般定植后4～5年结果，盛产期在30年以上。

3. 适应性及适栽区域

葡萄柚耐热，畏寒。其抗寒力一般较柠檬强，较宽皮柑橘弱，与甜橙类似，但热量条件好的果实品质佳。对气候的适应性较强，在干热、温热湿润的亚热带，乃至沙漠地区都能栽培，且能丰产。对栽培条件要求不苛刻，在与甜橙、宽皮柑橘同等管理水平下，能获得更高的产量。在我国，以将其放在热量条件好的南亚热带气候区种植为最适合。

葡萄柚最适的生态条件是：年均温在18.5℃以上，≥10℃的年活动积温在6 000℃以上，1月份均温为10℃左右，极端低温为-1℃左右，年降水量为1 000毫米以上。

4. 栽培技术要点及注意事项

(1)选好砧木和园地 在国外种植葡萄柚，多选酸橙和粗柠檬作砧木。我国在这方面研究不多，除选用酸橙作砧木外，还可选用酸柚、本地早和枳作砧木。葡萄柚树体高大，应选择土层深厚的肥沃土地，成片栽培。

(2)合理整形和修剪 葡萄柚树势强，树冠高大，其生物学特性与甜橙、宽皮柑橘有所不同，应从苗期开始整形，培养丰产树形。因其树体高大，故整形修剪时，干高以50～60厘米为宜，主枝以3～4个为好，每个主枝应均匀配置2～3个副主枝。结果前和投产初期的葡萄柚，树体长势旺，枝条直立性较强，应以果压冠，使其尽快进入盛果期。进入盛果期后的树体,因结果常使枝条下垂,有的枝条便长势变弱,不再结果。对此类枝应与病虫枝、枯枝一起剪除。葡萄柚修剪应掌握“顶上重、四周轻,外围重,内部轻”的原则,使树冠内部光照好,形成立体结果的丰产型树冠。

(3)搞好肥水管理 葡萄柚易丰产,一般成年树株产100千克,高产的可达200~300千克。因此,它需要较多肥水。土壤未熟化改良的,应在逐年扩穴改土的同时,施入绿肥、厩肥和堆肥,以熟化土壤,使根系的营养面积不断扩大。未结果的幼树和结果的成年树,其肥料的用量见表5-2。

表5-2 葡萄柚未结果树和结果成年树用肥量 (单位:千克/株)

树龄	施肥时期	厩肥、人粪尿、绿肥等	尿素	过磷酸钙	饼肥
幼树(未结果)	冬肥	60			
	萌芽肥	40	0.4		
	夏梢肥	40	0.4		
	秋梢肥(7~9月份)	40	0.6		
	合计	180	1.4		
结果树(6~10年生)	采果肥	160	0.2	1.0	0.5
	萌芽肥	70	0.5		
	稳果肥	30	0.3	1.0	
	壮果肥(7~9月份)	60	0.5		0.5
	合计	320	1.5	2.0	1.0

对幼树,应结合其多次抽梢的特点,进行多次施肥,以促其多抽梢,抽壮梢,尽快形成树冠,结果投产;对次年要投产的幼树,应增加抽梢前的氮肥使用量,在秋梢充实期适当增加磷、钾肥,减少氮肥,并在花芽分化期内对强树喷施0.3%~0.6%的磷酸二氢钾,

对弱树喷施0.2%的磷酸二氢钾+0.4%～0.5%的尿素液，连喷3～4次，以促进花芽分化。

对成年结果树，一般施四次肥，即采果肥(基肥)、萌芽肥、稳果肥和壮果肥。为恢复树势，促进花芽分化，充实结果母枝，保证树体在翌年有充足的养分，就必须施足基肥。基肥量可占全年施肥量的50%，并配合一定数量的磷、钾肥。萌芽肥可促进春梢生长，并供给开花结果的营养所需，为当年抽生结果枝和次年的结果母枝打下基础。具体的施肥时间，随萌芽的早晚而定，一般在2～3月份。施肥量占全年施肥量的10%～20%。稳果肥在第二次生理落果前15天施入，肥料为速效氮肥和磷肥，施肥量占全年施肥量的10%～15%，以补充开花所消耗的养分和幼果生长所需的养分。壮果肥在秋梢抽生前施入，以促壮果和抽发秋梢，施肥量占全年施肥量的30%，以速效氮和磷、钾肥为主。

葡萄柚果大叶大，需水较多，应根据各物候期对水分的不同需要及时灌水。尤其是有春旱和夏、秋干旱的地区，更应注意水源，及时灌溉。多雨时，则要及时排水防涝。

(4)加强病虫害防治　对危害葡萄柚的主要病害，如溃疡病、流胶病和脚腐病等，主要虫害，如红蜘蛛、四斑黄蜘蛛、锈壁虱、花蕾蛆、介壳虫、天牛和潜叶蛾等，要加强防治，尽量避免危害，或减轻其危害的程度。

5. 供种单位

中国农业科学院柑橘研究所及其他柑橘供种单位(见本书附录)。

(二)马叙葡萄柚

马叙葡萄柚(彩图5-36，彩图5-37)，又名马叙无核葡萄柚。

1. 品种来历

马叙葡萄柚原产于美国佛罗里达州，系从实生树中选出的优良品种。我国1938年由张文湘先生从美国引入四川栽培，后又多次引入。引种后表现良好，可在中、南亚热带区适量种植。

2. 品种特征特性

树势中等，树姿开张。枝条微披垂。果实扁圆形或亚球形，单果重300克以上。果色浅黄，果皮光滑较薄。果肉淡黄色，细嫩多汁，甜酸可口，微带苦味。可食率为64%～76%，糖含量为7.0～7.5克/100毫升，酸含量为2.1～2.4克/100毫升，可溶性固形物含量为9.5%～11%。果实于11月中下旬成熟，耐贮藏。

马叙葡萄柚优质丰产，风味独特，果实耐贮运。它既可鲜食，又宜加工果汁，是有发展前景的品种之一。

3. 适应性及适栽区域

马叙葡萄柚的适应性及适栽区域，与葡萄柚基本相同。

4. 栽培技术要点及注意事项

马叙葡萄柚的栽培技术要点及注意事项，与葡萄柚基本一致。

5. 供种单位

中国农业科学院柑橘研究所及其他柑橘供种单位(见本书附录)。

(三)邓肯葡萄柚

1. 品种来历

邓肯葡萄柚(彩图5-38，彩图5-39)，原产于美国佛罗里达州。我国在20世纪30年代末将其引入。目前，它在四川、重庆、广东和台湾有少量种植。邓肯葡萄柚为最古老的品种，几乎所有的葡萄柚品种均由它变异而得。但因其早熟，果大，优质，适于加工，故国外长期以来广为栽培。它被引入我国后，表现也好，可适量发展。

2. 品种特征特性

树势健壮，树体高大。果实扁圆至球形，单果重250克以上。果皮光滑，中等厚度，呈淡黄色。果肉淡黄色，细嫩化渣，味甜酸，略带苦味。优质丰产。果实于11月上中旬成熟，耐贮运。

3. 适应性及适栽区域

邓肯葡萄柚的适应性及适栽区域，与葡萄柚基本相同。

4. 栽培技术要点及注意事项

邓肯葡萄柚的栽培技术要点及注意事项，与葡萄柚基本一致。

5. 供种单位

中国农业科学院柑橘研究所及其他柑橘供种单位（见本书附录）。

（四）星路比葡萄柚

1. 品种来历

星路比葡萄柚（彩图5-40），原产于美国，系1959年用热中子辐照的哈德森（Hudson）葡萄柚种子进行育苗诱变，于1966年获得肉色深红而无核的优系，20世纪70年代推广。1978年，我国从美国引入，把它放在重庆种植，表现较好。目前，在四川、重庆、广东、福建和湖北，星路比葡萄柚均有少许种植。

2. 品种特征特性

星路比葡萄柚树势旺，树体高大，丰产，但进入结果期较晚。果实圆球形，单果重250克左右。果顶常有印环，果皮薄。果肉色深，带紫红色，肉质细嫩化渣，甜酸可口，风味浓，无核，品质上乘。果实于11月中旬成熟，耐贮运。

星路比葡萄柚外观美，内质好，果实耐贮，但产量不及马叙葡萄柚高。将它作为鲜食品种，可适量种植。

3. 适应性及适栽区域

星路比葡萄柚的适应性及适栽区域，与葡萄柚基本相同。

4. 栽培技术要点及注意事项

星路比葡萄柚的栽培技术要点及注意事项，与葡萄柚基本一致。

5. 供种单位

中国农业科学院柑橘研究所及其他柑橘供种单位(见本书附录)。

(五)红马叙葡萄柚

1. 品种来历

红马叙葡萄柚，原产于美国得克萨斯州，为汤普森葡萄柚的枝变。1929 年选出，1934 年推广，1979 年由美国引入我国。目前，它在四川、重庆、广东和湖北等地有试种，表现较好。

2. 品种特征特性

树体性状与马叙葡萄柚相似，高大，树冠圆头形。果实扁圆形或球形，单果重 200 克以上。果色深红或有红色斑纹。果肉有深红色条纹，或全面红色。肉质细嫩化渣，风味佳，品质优良，丰产。果实于 11 月上中旬成熟，耐贮运，无核。是目前可供发展的品种。

3. 适应性及适栽区域

红马叙葡萄柚的适应性及适栽区域，与葡萄柚基本相同。

4. 栽培技术要点及注意事项

红马叙葡萄柚的栽培技术要点及注意事项，与葡萄柚的栽培技术基本一致。

5. 供种单位

中国农业科学院柑橘研究所及其他柑橘供种单位(见本书附录)。

(六)闽北无核葡萄柚

1. 品种来历

闽北无核葡萄柚,1985 年由福建省南平市农业科学研究所,从普通葡萄柚中选出的少核、无核优株。经长期观察,其无核性状稳定。目前,在福建省南平市有种植。

2. 品种特征特性

树势健壮,树冠圆头形。果实扁圆形,单果重 300 ~ 500 克。果皮橙色,厚 0.42 厘米。果肉浅橙黄色,肉质脆嫩化渣,汁多,无苦味。可食率为 65.5%,可溶性固形物含量为 12.6% ~ 15%,糖含量为 9 ~ 11 克/100 毫升,酸含量为 1.63 克/100 毫升。果实于 11 月下旬成熟。

闽北无核葡萄柚,优质丰产,可供福建省适栽地域引种、试种。

3. 适应性及适栽区域

闽北无核葡萄柚的适应性及适栽区域,与葡萄柚基本相同。

4. 栽培技术要点及注意事项

闽北无核葡萄柚的栽培技术要点及注意事项,与葡萄柚基本一致。

5. 供种单位

福建省南平市农业科学研究所。

第六章　柠檬与金柑良种引种

一、柠檬与来檬

柠檬与来檬是世界四大类柑橘商品之一。其树体为灌木状小乔木或小乔木,有刺,翼叶很狭,花带紫色。一年开花多次,结果多次。

柠檬,世界主产的国家有意大利、美国和西班牙。我国将其引入后,主要在四川省的安岳县栽培。其他省、市也有少量种植。随着我国加入 WTO 和人民生活水平的提高,对柠檬的需求呈增加的趋势。

来檬,在全世界以墨西哥为主产国,其他国家仅有少量和零星栽培。我国也有引种。

(一)柠　檬

1. 品种来历

柠檬原产于喜马拉雅山东部地区,包括印度和我国的西藏东南部。我国目前所栽培的柠檬,均系 20 世纪 20 ~ 40 年代从国外引入。

2. 品种特征特性

柠檬树冠高大,多刺。叶色淡绿色,叶柄短。有花序,一年多次开花。花蕾、花瓣为紫色。果实有乳突,皮包紧着,皮厚而有芳香。酸含量高。一般果汁率为 45% ~ 55%。酸含量为 5.5 ~ 6.0 克/100 毫升。四季结果,以春花果为主,丰产稳产。

3. 适应性及适栽区域

柠檬性畏寒,也怕热,适宜在温暖的亚热带气候区栽培。最适的生态条件是:年均温在 18℃以上,≥10℃的年活动积温在 6000℃以上,1月份均温在 7.5℃以上,极端低温在 -1℃以上,年降水量在 1000 毫米以上,年日照在 1200 小时以上。我国四川、重庆、台湾、广东、海南和福建等地均可种植柠檬。

4. 栽培技术要点及注意事项

(1)选好园地和砧木 深厚、肥沃的土壤,是柠檬丰产稳产的基础。应以微酸性至中性,土层深厚,土质疏松,肥沃,排水良好的土壤为园地。土层浅,肥力低的柠檬园,要进行土壤改良,使土壤熟化。通常开挖 1 米深、1 米宽的定植穴,最好挖 1 米宽、1 米深的沟,先种绿肥,改良熟化土层后再种植柠檬。

柠檬的砧木,国外常用酸橙、粗柠檬和枳橙。最近证明,用枳柚表现也好。国内多用红橘和枳作柠檬的砧木。又据四川省农业科学院果树研究所(现重庆市果树研究所)试验,认为香橙、香柑、红橘、土柑和建柑为四川、重庆丘陵山区柠檬的优良砧木,其优点是嫁接亲和力强,成活后树势旺,产量高,果实品质好,酸含量高,香气浓,对流胶病有较强的抗性。以枳作砧木,虽抗流胶病,但亲和力差,生长衰弱。红檬檬作砧木,虽早期丰产,但流胶病严重。甜橙砧尤力克柠檬,早期树势旺,但进入结果期后流胶病严重,不宜采用。

(2)土肥水管理 土肥水管理得当,能使柠檬丰产。由于柠檬一年中多次开花结果,所抽发的春、夏梢营养条件好,当年即可开花结果。因此,施肥量和施肥次数应比甜橙的多。一般在抽梢前、开花后和果实发育期共施 4~5 次肥,肥料选用有机肥、绿肥、饼肥和尿素、磷肥、钾肥等化肥。

柠檬既不耐旱,又不耐湿。旱季要及时灌溉,尤其是夏干伏旱要及时灌水。也可进行树盘覆盖,保持土壤湿润。雨季要及时排水防涝。

(3)因树合理修剪 柠檬生长势强,修剪宜轻。要尽可能多留枝、叶,促其早日投产。进入盛果期的成年树,尤其已经郁闭的柠檬园内的成年树,应疏剪无用枝干,以改变光照条件,让小枝生长、结果。树势衰弱的成年树,可压缩剪去多年生枝,以促发新枝,恢复树势。

(4)防治好病虫害 流胶病是柠檬的主要病害,凡造成树皮伤口的一切生物因素和非生物因素,以及不适宜的温度、湿度、日照等因素,均可引起柠檬流胶病。其防治措施:一是选用抗病砧木,并适当提高嫁接苗的嫁接部位。二是在地面开沟修渠,及时排除积水,改善柠檬园的通风透光性,避免阴湿的不良环境。三是对天牛、吉丁虫等树干害虫,要及时消灭;农耕时尽量避免损伤树皮;在春季和夏季,少施氮肥,多施磷、钾肥,如饼肥和草木灰等,以增强树势,减少发病率。四是对病树及时进行治疗,彻底刮除病部,纵切树皮,形成数条深达木质部的切口后,再用多菌灵或托布津1 000~2 000倍液,或用春雷霉素200单位液,涂抹病部。

红蜘蛛和黄蜘蛛也严重危害柠檬,在四五月份或八九月份危害严重时,可使柠檬整株落叶,故应注意及时加以防治。

5. 供种单位

中国农业科学院柑橘研究所,四川省安岳县柠檬办公室。

(二)尤力克

1. 品种来历

尤力克柠檬(彩图6-1,彩图6-2),原产于美国。它可能是意大利品种路纳里奥(Lunario)柠檬的实生变异,是世界上主栽的柠檬品种。我国从20世纪20~30年代将其引进后,已为主栽的品种。

2. 品种特征特性

树势中等,树姿开张。枝叶零乱、披散,具小刺。叶片椭圆形,几乎无翼叶。果实椭圆形至倒卵形,顶端具乳突,基部为圆形,有时有颈领。单果平均重150克左右。果面淡黄色或黄色,有纵向棱脊,粗糙,油胞凹入。果实有囊瓣9~10瓣,汁多肉脆,味酸。柠檬酸含量为7~8克/100毫升,糖含量为1.4~1.5克/100毫升,维生素C含量为50~60毫克/100毫升。单果有种子6~10粒。四季开花,春、夏、秋花均能结果,以春花果为主。其春花果在11月份果实成熟,夏花果于12月份成熟,秋花果在次年6月份成熟。

尤力克柠檬酸含量高,香气浓,品质佳,较丰产稳产,是发展的主要品种。

3. 适应性及适栽区域

尤力克柠檬适应性广,尤其适宜在冬暖夏凉、无冻害的中亚热带气候区栽培。我国高温多湿的广东,因其易患疮痂病而产量较低,又因易患流胶病而寿命较短。种植枳砧尤力克柠檬普遍带裂皮病。对这些情况,在种植时都应加以注意。今后种植尤力克柠檬,宜采用脱毒苗,或采用无病接穗以红橘为砧木。

4. 栽培技术要点及注意事项

尤力克柠檬的栽培技术要点及注意事项,与柠檬栽培相同。

5. 供种单位

中国农业科学院柑橘研究所,四川省安岳县柠檬办公室以及其他柑橘供种单位(见本书附录)。

(三)里斯本

1. 品种来历

里斯本(彩图6-3),原产于意大利。我国将其引入后,在广东、四川和重庆等省(市)有零星栽培。

2. 品种特征特性

树势强，树冠高大。枝条较直立，刺多而长。叶片茂盛，菱状椭圆形。果实椭圆形，单果重 150 克左右。果顶乳突大而明显。且常向一侧深缢，蒂部有颈领。果面淡黄色，较光滑。果肉汁多，味酸，香气浓，核少，常退化，品质优良。果实于 11 月份成熟，耐贮藏。丰产，但稳产性较差。里斯本柠檬与尤力克柠檬的区别为：一是尤力克树势较弱，树小，开张，枝叶稀疏，刺少而短；里斯本树势强壮，树体高大，株形直立，枝叶密生，刺多而长。二是尤力克果实基部较宽，乳突较小，果面有脊，粗糙；里斯本的果实则乳突大而明显。三是在结果性状上，尤力克结果早，产量较稳定，但不丰产；里斯本则相反，结果较迟，丰产而不稳产，但内部结果能力强。

3. 适应性及适栽区域

里斯本的适应性及适栽区域与柠檬基本相同。

4. 栽培技术要点及注意事项

里斯本的栽培技术要点及注意事项，与柠檬栽培技术基本一致。

5. 供种单位

中国农业科学院柑橘研究所，四川省安岳县柠檬办公室及其他柑橘供种单位(见本书附录)。

(四)维拉弗兰卡

1. 品种来历

维拉弗兰卡(彩图 6-4)，原产于意大利。1972 年，我国将其从意大利引入，现在四川、重庆、广东、福建和浙江等省(市)有栽培。

2. 品种特征特性

树冠圆头形或半圆形,树势较强且开张。枝条较密,有短刺或无刺。果实椭圆形,与尤力克柠檬的果实相似。果色浅黄,较光滑,果顶有乳突。单果重 120 ~ 140 克。果肉浅黄绿色,柔软,汁多,味酸,香气浓,品质优良。果实于 11 月中旬成熟,较耐贮运。比较丰产,是有希望推广的品种。

3. 适应性及适栽区域

维拉弗兰卡的适应性及适栽区域,与柠檬基本相同。

4. 栽培技术要点及注意事项

维拉弗兰卡的栽培技术要点及注意事项,与柠檬栽培技术基本一致。

5. 供种单位

中国农业科学院柑橘研究所及其他柑橘供种单位(见本书附录)。

(五)费米耐劳

1. 品种来历

费米耐劳柠檬(彩图 6-5),原产于意大利。1972 年引入我国,目前四川、重庆、广东和福建等省(市)有少量栽培。

2. 品种特征特性

树冠圆头形或半圆形,树势中等或较强,树姿较直立。枝条几乎无刺,枝叶较茂密,叶片大。果实短椭圆形,中等大,基部圆,有不明显的颈,顶部乳突小或不明显。果面较光滑,凹点细小,浅黄色,皮中厚,包着紧。内有囊瓣 10 瓣,果肉细嫩多汁,酸含量高。种子少,多退化。品质优良。丰产。果实于 11 月上中旬成熟。

费米耐劳是由许多品种、品系组成的品种群,为意大利最重要的柠檬,但有不少品种、品系患柠檬枝枯病比较明显。我国引进试种,结果性好,可选择其抗病品种进行种植。

3. 适应性及适栽区域

费米耐劳的适应性及适栽区域,与柠檬基本相同。

4. 栽培技术要点及注意事项

费米耐劳的栽培技术要点及注意事项,与柠檬栽培技术基本一致。

5. 供种单位

中国农业科学院柑橘研究所及其他柑橘供种单位(见本书附录)。

(六)北京柠檬

北京柠檬(彩图 6-6),又名香柠檬、麦耶柠檬和中国柠檬等。

1. 品种来历

北京柠檬原产于我国。四川、重庆、广东和浙江等省(市)有栽培,美国、南非和俄罗斯也有种植。

2. 品种特征特性

树势中等,树冠开张,比较矮小。枝条零乱,较茂密,稍披散,有小刺。叶片椭圆形或卵状椭圆形,花大。果实椭圆形,平均单果重 140 克左右。果顶乳突短而略小,果色橙黄,果皮光滑而薄。柠檬酸含量为 3~4 克/100 毫升,味酸,单果有种子 4 粒左右,品质中等。果实于 11 月份成熟,较耐贮。结果早,丰产。酸含量较低,香气欠浓,是其不足。

3. 适应性及适栽区域

适应性广,耐寒、耐热性强,通常凡能种植甜橙之地均可种植北京柠檬,尤其是不能种植其他柠檬的气温较低或高温多湿的地方,却能种植北京柠檬。

4. 栽培技术要点及注意事项

北京柠檬的栽培技术要点及注意事项,与柠檬栽培技术基本一致。

5. 供种单位

中国农业科学院柑橘研究所及其他柑橘供种单位(见本书附录)。

(七)巴柑檬

1. 品种来历

巴柑檬(彩图6-7),原产于意大利。20世纪60~70年代,我国先后数次将其从意大利引入。目前,四川、重庆等地有少量栽培。

2. 品种特征特性

树势中等,树姿直立或开张。枝梢粗、软而脆,几乎无刺。叶片淡绿色,长椭圆形,翼叶明显。花中等大,白色,一年开花一次。果形多样,为倒卵形或圆球形或扁圆形,多数为倒卵形。果顶有乳突。单果重150~250克。果实黄色,油胞大而凸,皮稍厚,较难剥。有囊瓣11~14瓣,中心柱充实,肉质脆,味酸,余味微苦。种子单胚,数量少,白色。果实于12月份至次年1月份成熟。

巴柑檬是重要的香料树种。其叶、花、果中的香精油,即巴柑檬油,广泛用于香水、香脂、香皂、香粉和清洁剂中,广受消费者欢迎。其果汁可做饮料,也可提取柠檬酸。

3. 适应性及适栽区域

巴柑檬的适应性及适栽区域,与柠檬基本相同。

4. 栽培技术要点及注意事项

巴柑檬的栽培技术要点及注意事项,与柠檬栽培基本一致。

5. 供种单位

中国农业科学院柑橘研究所及其他柑橘供种单位(见本书附录)。

(八)墨西哥来檬

1. 品种来历

墨西哥来檬(彩图6-8,彩图6-9),原产于印度。在墨西哥的科利马州和米却肯州以及西印度群岛广为栽培。我国将其引入后,在重庆、广西有试种。

2. 品种特征特性

墨西哥来檬树势较强,植株比柠檬树小。分枝多,枝有刺。果实球形或长球形,果顶有乳突。果实比柠檬小,平均单果重40克左右。果色为绿色或黄绿色,果皮光滑,包着紧,果心小。肉质柔软,汁多,酸味浓,酸含量为7~8克/100毫升。果实种子少,于11月份成熟。果汁可做饮料。此外,墨西哥来檬还是柑橘黄龙病的指示植物。

3. 适应性及适栽区域

墨西哥来檬的适应性及适栽区域,与柠檬的适应性及适栽区域基本相同。

4. 栽培技术要点及注意事项

墨西哥来檬的栽培技术要点及注意事项,与柠檬栽培技术基本一致。

5. 供种单位

中国农业科学院柑橘研究所及其他柑橘供种单位(见本书附录)。

(九)科塞来檬

1. 品种来历

科塞来檬原产于印度,我国从国外引入后有试种。

2. 品种特征特性

树冠圆头形,树姿开张。枝短,硬而密生,节间短,每节具短刺。叶片椭圆形或卵圆形,小而厚。果实卵圆形或近球形,单果重60克左右。果顶部有乳突,果皮橙黄。果实可食率为70%,果汁率为58%,酸含量为5.2克/100毫升,糖含量为2.6克/100毫升,可溶性固形物含量为8%左右。果实可做饮料,果皮可提取芳香油。果实于11月上旬成熟,较丰产。科塞来檬也是黄龙病鉴定的指示植物。

3. 适应性及适栽区域

科塞来檬的适应性及适栽区域,与柠檬基本相同。

4. 栽培技术要点及注意事项

科塞来檬的栽培技术要点及注意事项,与柠檬栽培技术基本一致。

5. 供种单位

中国农业科学院柑橘研究所及其他柑橘供种单位(见本书附录)。

(十)来普来檬

1. 品种来历

来普来檬,原产于加纳共和国。1980年将其引入我国,在重庆有试种。

2. 品种特征特性

树势强,树冠圆头形,树姿开张。枝具短刺,叶片椭圆形或近椭圆形。单果重60~70克,果顶有乳突。囊壁薄,味极酸,可食率为75%,果汁率为55%~60%,糖含量为2.5克/100毫升,酸含量为5.1克/100毫升,可溶性固形物含量为8%左右。果实于11月上中旬成熟。无核,可做饮料。

3. 适应性及适栽区域

来普来檬的适应性及适栽区域,与柠檬基本相同。

4. 栽培技术要点及注意事项

来普来檬的栽培技术要点及注意事项,与柠檬栽培技术基本一致。

5. 供种单位

中国农业科学院柑橘研究所及其他柑橘供种单位(见本书附录)。

(十一)佛　手

佛手(彩图6-10),为枸橼的一个变种,别名为佛手柑、五指香橼和五指柑等。

1. 品种来历

佛手原产于我国,浙江栽培较多,四川、重庆和云南等省(市)也有栽培。品种有红花佛手和白花佛手等。

2. 品种特征特性

(1)红花佛手　有大种和小种两个品系,因开红花而得名。

①大种　树势健壮,树体高大。树枝粗壮、直立。叶片肥大宽厚,叶脉明显。梢、嫩叶和花都呈紫红色。花芽易分化。果实大,单果重380克左右,产量高。果形顶端指状闭合如拳,又称拳佛

手。香气不浓,果实水含量高,不耐贮藏。

②**小种** 嫩梢、嫩叶和花呈淡红黄色。叶片较小且薄,叶脉平滑。节间较短,树形矮小。花芽易分化,着果率高。果实较短小,重100克左右,香气浓。果实于11月中下旬成熟,耐贮藏。常作盆景栽培。

(2)白花佛手 因开白花而得名,又有白皮和青皮两个品系。

①白皮 枝干灰白色,节间长。叶片绿色或黄绿色,大而薄。花芽分化差,着果率低。果实大而稍长,单果重350克左右。果皮红,色泽好。香气浓郁,较耐贮藏。

②青皮 枝干青褐色,较粗壮,叶色浓绿,叶片稍厚。花芽易分化,结果性好。果实稍小,单果重300克左右。香气浓,果实较耐贮。

佛手果实,通常10月底至11月初开始转黄。完全成熟的果实色泽金黄,香气浓郁。佛手可挂树贮藏到翌年春节,甚至更晚一些。

3. 适应性及适栽区域

佛手不耐寒,气温在℃以下时即会落叶,甚至冻死。因此,适宜在极端低温在0℃以上的地区栽培。

4. 栽培技术要点及注意事项

因佛手不耐寒,宜选冬季无严寒的温暖之地种植。在冬季有严寒之地种植时,要注意防冻。可在气温降至3℃以前,用塑料大棚加稻草覆盖保温。当气温升高至25℃以上时,大棚内要注意通风降温,并保持土壤湿润。春季气温稳定在10℃以上时,可揭去大棚的塑料薄膜。

5. 供种单位

中国农业科学院柑橘研究所及其他柑橘供种单位(见本书附录)。

二、金 柑

金柑是一个属，它的种有：圆金柑、罗浮、长寿金柑、长叶金柑、山金柑和金弹等。现将金弹、罗浮和圆金柑简介如下：

(一)金 弹

金弹(彩图 6-11，彩图 6-12)，别名长安金橘、融安金橘。

1. 品种来历

金弹可能是罗浮和圆金柑的杂种，原产于我国。在广西壮族自治区的融安和阳朔，湖南省的浏阳和蓝山，江西省的遂川和浙江省的镇海等地栽培较多。

2. 品种特征特性

金弹树为灌木或小乔木，树冠半圆形或倒卵形。枝条细而密，较直立，具短刺。叶片卵状披针形或卵圆形。果实较大，为圆球形或卵圆形，单果重 12～15 克，糖含量为 11～15 克/100 毫升，酸含量为 0.4～0.5 克/100 毫升。果肉甜酸可口，果皮较厚、质脆味甘甜。果实既可鲜食，又可加工蜜饯。果实于 11 月中下旬成熟。

3. 适应性及适栽区域

适应性广。通常，耐寒性仅次于枳、宜昌橙，可耐 -12℃的低温。我国能栽培柑橘的地域，大多能种植金柑，尤适浙、湘、桂、赣、闽和川、渝等省(市、自治区)栽培。

4. 栽培技术要点及注意事项

(1)采用良种壮苗，选择肥厚园土，栽培先密后稀 在金柑属中，数金弹品质最优良，最丰产稳产。其园地宜选排水良好，灌溉方便，土层深厚、土壤肥沃的地方。由于金弹树体矮小，栽培宜实行先密后稀的原则，先按宽行(3 米)密株(1 米)的株行距栽培，以利早结丰产和便于管理,以后的密度可改为 3 米×2 米或 4 米×3 米。

(2)加强肥水管理

①未结果幼树的肥水管理 加强肥水管理,促其尽快形成树冠,早结丰产。常在 11 月下旬至 12 月份施足基肥,以有机肥为主;开春后喷施 0.3%~0.5%的尿素数次,以促枝叶生长。

②结果树的肥水管理 宜增施磷、钾肥,适当控制氮肥。施肥要求:冬前施足基肥,发芽前猛促春梢,秋季适量施速效肥保果壮果,并结合防治病虫害,喷施 0.3%的尿素。在浙江镇海,每 667 平方米产 2000 千克果实的金弹果园,其施肥要求是:“春肥重,秋肥速,冬肥足”。以达春季催芽逼梢,秋季保果壮果,冬季保根壮树的目的。一般10~20 年生的植株,全年施肥量为人粪尿 40~50 千克(或尿素 1 千克),饼肥 1~2 千克,畜栏肥 25~40 千克,以及适量的磷、钾肥。在江西遂川等地,除施好采后肥、发芽肥、保果肥和壮果肥外,为了提高一、二次花的着果率,还应喷施生长调节剂和化肥,第一次和第二次花谢花后,各喷 0.5%尿素或 5~10 毫克/千克的 2,4-D 液或 1%的过磷酸钙液,每隔 15~20 天喷一次,连喷2~3 次。这样做,有明显的保花保果效果。

(3)整形修剪 金弹易形成圆头形,较好整形。一般选留 3~4 个主枝保持干高 30 厘米,整形成多主干圆头形。金弹因主要由一年生新梢结果,故修剪对培养树冠,提高产量,关系极大。对幼树,要促进其多发枝,多结果,对过长的枝可摘心,促其发枝结果。对盛果期树,主要是控冠保果,注意疏去冠内密枝、枯枝、纤细枝等。当树冠交叉封行时,可逐年更新树冠。

金弹枝梢顶端优势较强,新梢萌发后 90%以上集中于结果基枝顶端第一至第三节处。一般每个基枝多萌发 2~4 个新梢。但是,基枝(即上年母枝)是一年生春梢的,其抽生的春梢生长较快,梢较长,着果可靠。因此,对它应采取疏、删、轻剪为主的办法,加以调节。即疏删去过密而衰老的枝序和枝组，以及枝组上的纤细短小基枝(一般4厘米以下)。若单位枝组上的基枝数量较多，可去弱留强，每枝组上以保留2~3个一年生春梢基枝为宜。若基枝长达20厘米以上，可留15厘米长后进行短截。若一年生春梢基枝上继续抽生夏梢和秋梢，则应留春梢基枝，剪除上部的秋梢和夏梢。但若上部的夏梢比春梢基枝强，则可予以保留。

(4)覆盖树盘，防旱保产 有夏干和伏旱的地方，可用山草、枝叶等覆盖树盘，以便保湿防旱，有利于产量的提高。有试验表明，每667平方米覆草1500~2000千克以防旱，其产量比不覆草的提高21.8%~27.2%。

(5)抓好病虫害防治 金弹的病虫害防治，其方法与其他柑橘相同。

5. 供种单位

中国农业科学院柑橘研究所及其他柑橘供种单位(见本书附录)。

(二)圆金柑

圆金柑(彩图6-13)，又名罗纹、罗纹金橘。

1. 品种来历

圆金柑，原产于我国浙江省宁波地区，当地栽培较多。湖南、广东、广西和江西等省(自治区)也有栽培。

2. 品种特征特性

小乔木，树冠圆头形。分枝多，纤细密生，有小刺，且枝条披散。叶片长卵圆形，翼叶小。花腋生，多单生。果实圆形，单果重10克左右。皮薄，色泽橙黄。果肉味酸。糖含量为9克/100毫升，酸含量为1.2~1.3克/100毫升。品质优良，但不如金弹。在6~7月份开花后，每隔一个月开一次花，全年开花3~4次。以第一次花结的果实品质最好。果实于10月底至11月初成熟。较丰产稳产。

3. 适应性及适栽区域

圆金柑的适应性及适栽区域,同金弹。

4. 栽培技术要点及注意事项

圆金柑的栽培技术要点及注意事项,与金弹基本一致。

5. 供种单位

中国农业科学院柑橘研究所及其他柑橘供种单位(见本书附录)。

(三)罗 浮

罗浮(彩图6-14),又名金枣和牛奶金柑。

1. 品种来历

罗浮,原产于我国。在浙江宁波和镇海,江西遂川、福建云霄等地栽培较多。

2. 品种特征特性

小乔木,树冠半圆形或圆头形。枝细密,稍直立。叶披针形或长椭圆形,先端尖,边缘扭曲呈波状,下部叶缘微有锯齿。果实长椭圆形或卵形,单果重10克左右,果色橙黄。果肉味微甜,酸重,鲜食稍逊,适宜加工蜜饯。糖含量为4.5克/100毫升,酸含量为2.65克/100毫升,可溶性固形物含量为12%以上。果实于11月中旬至12月上旬成熟。果实种子少,一般单果有种子1~6粒。该品种果实品质较好,而且丰产稳产。

罗浮与罗纹的主要区别是:罗浮枝条较稀疏粗壮,叶片较大,先端尖长;果实鲜食味酸,但加工蜜饯成品率高,且丰产性较罗纹好。

在金柑属中,不论是金弹、罗浮和罗纹,或是其他种,除鲜食、做蜜饯外,还可盆栽做盆景,系重要的观赏树种之一。

3. 适应性及适栽区域

罗浮的适应性及适栽区域,与金弹相同。

4. 栽培技术要点及注意事项

罗浮的栽培技术要点及注意事项,与金弹基本一致。

5. 供种单位

中国农业科学院柑橘研究所及其他柑橘供种单位(见本书附录)。

第七章　甜橙、柚、柠檬的砧木良种引种

现代化的柑橘生产,不仅要选择优良、适宜的接穗品种,而且要选择适宜的优良砧木。只有这样,其共生体——嫁接苗才能充分利用光、热和地力,发挥良种优质丰产的固有特性。

不同砧木对同一品种的接穗,在树冠的大小,长势的强弱,结果的迟早,产量的高低,品质的优劣,寿命的长短,以及适应性、抗逆性等方面,均有不同的影响。例如,脐橙嫁接在枳砧上,树冠较小,生长势较弱,易感炭疽病和树脂病,树势易早衰,寿命较短,在盐碱土壤上栽培,易发生缺铁黄化症;但是,进入结果期较早,品质良好。脐橙嫁接在红橘砧上,生长势较强、抗裂皮病,在盐碱土壤上栽培,不易发生缺铁黄化,但结果较枳砧晚2~3年。

反之,不同的品种接穗对同一砧木品种也有不同的影响。例如,同是酸橘砧木,嫁接甜橙的,其根系生长粗壮,而且数量多;而嫁接柑的,则根系生长较细,而且数量也较少。又如,同是用枳作砧木,嫁接甜橙的比嫁接橘的,其根系更密集和粗壮。

鉴于上述砧穗品种的互相影响,选择砧木的原则应是适应当地的气候条件和土壤条件,亲和力强,生长快速,繁殖容易,根系发达,抗逆性、抗病性强,种子有来源。现将如何选择砧木的技术问题,简介如下:

一、如何选择砧木

(一)根据气候条件选择砧木

应根据气候条件,尤其是气温条件选择砧木。因为不同的砧

木对气温反应不一。如枳，耐寒而不耐热；而红檬檬则相反，耐热而不耐寒。这是我国中、北部柑橘产区多选枳作砧，南部柑橘产区多选酸橘、红檬檬为砧木的主要原因。

(二)根据土壤条件选择砧木

砧木不同，其根系发育情况有异。深根性的砧木耐旱，适宜于丘陵山地种植；浅根性的砧木耐湿不耐旱，适宜于平地洲地栽培。同样，不同的砧木对不同的土壤类型，反应差异也很大。如枳砧适宜于较黏重的土壤，但不耐盐碱；酸橙砧则相反，适宜于疏松土壤，其耐盐碱能力较强。

(三)根据砧穗亲和力选择砧木

良种嫁接苗是砧穗组合的共生体。砧穗亲和力不同，会产生不同的结果。只有砧穗亲和力强，才能使良种表现出优质、高产和稳产的特性，提高抗逆性，增强适应能力。

(四)根据抗病性选择砧木

抗病性对砧木的选择非常重要。如20世纪30年代巴西选用甜橙作砧木，导致大片甜橙园的毁灭，后来改用抗病的来普来檬作砧木，巴西甜橙便得以迅速发展。又如，以枳作砧木的甜橙易感染裂皮病，而用红橘作砧木的甜橙则抗裂皮病。

(五)根据采种难易选择砧木

选用砧木，要有足够的种源。优良的砧木，要建立砧木母本园，以保证砧木的纯度。

(六)根据栽培方式选择砧木

进行计划密植栽培，宜选用矮化砧，如枳，使植株矮化，密植，早结果,早丰产。若是稀植,则可选乔化、半乔化砧,如红橘和枳橙等。

二、世界及我国使用的柑橘主要砧木

(一)世界柑橘主产国柑橘的主要砧木

世界柑橘主产国栽培柑橘所采用的主要砧木,见表7-1。

表 7-1 世界柑橘主产国柑橘的主要砧木品种

国家		主要砧木品种
美国	加利福尼亚州	枳橙、酸橙、甜橙、粗柠檬、克来帕特橘、枳
	得克萨斯州	酸橙、克来帕特橘
	佛罗里达州	粗柠檬、枳橙、枳柚
巴西		来普来檬、甜橙、甜来檬、枳
日本		枳、香橙
西班牙		酸橙、甜橙、枳橙、克来帕特橘、地中海橘
意大利		酸橙
墨西哥		酸橙
以色列		酸橙,甜来檬
南非		粗柠檬、恩培勒橘
澳大利亚		甜橙、枳、枳橙(卡里佐)
阿尔及利亚		酸橙、枳(用于克力迈丁橘)
埃及		酸橙、甜来檬
希腊		酸橙
土耳其		酸橙、枳(用于温州蜜柑)
阿根廷		甜橙、克来帕特橘、粗柠檬、来普来檬
印度		粗柠檬、来普来檬、印地安甜来檬

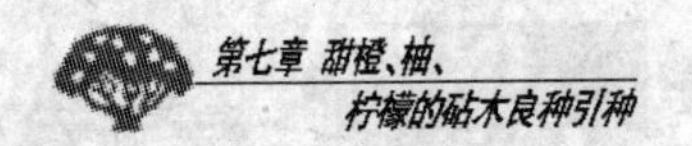

(二)我国柑橘生产省(市、自治区)甜橙、柚、柠檬的主要砧木

我国柑橘产区栽培甜橙、柚、柠檬所采用的主要砧木,见表7-2。

表7-2 我国柑橘生产省(市、自治区)甜橙、柚、柠檬的主要砧木

省(市、自治区)	主要砧木品种
四川	枳、红橘、酸柚(用作柚的砧木,下同)香橙
重庆	枳、红橘、酸柚、甜橙
广东	酸橘、红檬檬、枳、酸柚
广西	酸橘、枳、红檬檬、酸柚
海南	酸橘、红檬檬、酸柚
湖南	枳 酸柚
浙江	枳、本地早、酸柚
福建	枳、酸柚
江西	枳、酸柚
湖北	枳、红橘
贵州	枳、红橘
云南	枳
江苏	枳
上海	枳
陕西	枳
安徽	枳
甘肃	枳
河南	枳
西藏	枳
台湾	酸橘、红檬檬、酸柚、枳

三、甜橙、柚、柠檬的优良砧木

(一) 枳

枳(彩图7-1,彩图7-2,彩图7-3),又名枳壳、枸橘、雀不站(四川)和铁篱笆(河南)。

1. 品种来历

枳原产于我国,湖北、河南、山东、安徽、福建和江苏等省为其主产区,长江流域各省(市)均有分布。

2. 品种特征特性

枳为落叶性灌木或小乔木。其叶片为3小叶组成的掌状复叶,冬季落叶。早春,开花先于发叶,花单生。果实圆球形或扁圆形,黄色,表面密被茸毛。种子多,一般每果有种子20多粒。种子大而饱满,多胚,间有单胚。枳有一年多次开花的习性。枳是我国柑橘的主要砧木,北、中亚热带区,甚至南亚热带区的宽皮柑橘、甜橙和金柑等,也用枳作砧木。

枳有不少类型。我国目前将枳分为:大叶大花枳、小叶小花枳和中间类型枳三种。大叶大花枳:叶大而厚,花大。小叶小花枳:顶部小叶狭窄,花小。中间类型枳:大叶小花或小叶大花,或花、叶大小介于两类之间的过渡型。

我国较多采用大叶大花型和中间型作砧木。用大叶大花枳作砧木,一般树势较强,树体较高大,丰产。用小叶小花枳作砧木则矮化,更适合于矮化密植和早结果栽培。

3. 适应性及适栽区域

枳的抗寒性是柑橘中最强的。用枳作砧木的,表现矮化,早结果,成熟早,较丰产稳产,果实颜色浅,糖含量高,品质好;枳砧抗脚腐病、流胶病和根线虫病,但不抗裂皮病和枯萎病;对土壤的适应性较强,pH 值在 7.8 以下的酸性、中性和碱性的黄壤、红壤与紫色土均适合种植,在壤土、黏壤土,甚至黏土中生长良好。但不适合 pH 值在 7.8 以上的碱性土、砂土或砂壤土中生长。

枳冬季落叶,且要有一定的休眠期,故在热量高的南亚热带和热带区,不宜作柑橘的砧木。

4. 栽培技术要点及注意事项

枳耐瘠薄,耐粗放管理。其栽培技术要点及注意事项同柑橘栽培。

5. 供种单位

全国枳产区。

(二)枳 橙

1. 品种来历

枳橙(彩图 7-4,彩图 7-5,彩图 7-15),系枳和橙类的属间杂种。我国秦岭以南、淮河以南以及长江流域各省,均有分布。

2. 品种特征特性

枳橙为常绿或半落叶小乔木。树势强,直立,多刺。枝叶茂密。叶片以掌状复叶为主,兼有单叶或 2 小叶组成的复叶。果实圆球形或扁圆形,单果重 150 ~ 200 克,果内种子或多或少。种子多胚,胚为白色。果实在 11 ~ 12 月份成熟。

枳橙兼有枳和橙的特性,用枳橙作砧木也具双重性。枳橙根系发达,开花期比枳晚,比橙类稍早,耐寒力仅次于枳,是优质丰产的良好砧木。

枳橙有由国外引进的卡里佐枳橙和特洛亚枳橙。在我国国内,有原有的南京枳橙、黄岩枳橙和永顺(湖南)枳橙等。

3. 适应性及适栽区域

枳橙适应性广，介于枳与橙类之间。作砧木时，所嫁接成的树体半矮化，结果较早，丰产，较抗寒，对衰退病、根线虫病、脚腐病和流胶病的抗性也较强，但不耐盐碱，不抗裂皮病。系甜橙、宽皮柑橘的优良砧木之一。

4. 栽培技术要点及注意事项

枳橙的栽培技术要点及注意事项，与枳基本一致。

5. 供种单位

全国枳橙产地，中国农业科学院柑橘研究所。如需国外枳橙，可从美国、南非等国引种。

（三）枳　柚

1. 品种来历

枳柚是柚或葡萄柚与枳的杂种，天然和人工育成的均有。其中以施文格枳柚为代表，美国等国用作甜橙砧木，优质丰产稳产。我国对其有引进，也已开始将其用作甜橙的砧木。施文格枳柚，是邓肯葡萄柚与枳的杂种，1907 年由美国 W-S 施文格在佛罗里达州杂交。1974 年，美国农业部将其作为砧木加以推广。

2. 品种特征特性

树势强，树体高大，直立。枝条多刺。叶片为三出复叶，也有少量的二出复叶和单叶。果实梨形或扁球形。果面橙黄色。每果有种子 20 粒左右。种子子叶白色，多胚。

枳柚种子发芽率高，实生苗生长快，与多种柑橘嫁接亲和力好，易成活。枝条扦插也较易生根。

3. 适应性及适栽区域

枳柚用作甜橙、葡萄柚、柠檬的砧木，通常表现生长快，树势强，果实大，产量高，品质优良，抗逆性强。抗旱，较耐寒，对盐也有一定的忍耐力。但是，不耐湿，不耐碳酸钙($CaCO_3$)含量高的土壤。枳柚抗病性强，抗脚腐病、根线虫病和衰退病，也较抗裂皮病和枯萎病。

4. 栽培技术要点及注意事项

枳柚的栽培技术要点及注意事项，与其他柑橘基本一致。

5. 供种单位

中国农业科学院柑橘研究所，重庆市威望迪公司。

(四)宜昌橙

1. 品种来历

宜昌橙，原产于湖北省宜昌，主要分布于湖北、重庆、四川、云南、湖南和贵州等省(市)。

2. 品种特征特性

树体为灌木或小乔木，树姿开张。嫩枝多为浅紫色，刺多。叶片狭长，翼叶大，与叶身几乎等大。花单生，为白色或紫红色。果形多样，为扁圆形至长椭圆形，单果重200～250克。果面枳黄色，粗糙，油胞凸出，皮厚。果肉味苦涩而酸，不堪食用。每果有种子40～50粒，大而饱满。种子单胚，子叶白色。果实在11～12月份成熟。

3. 适应性及适栽区域

宜昌橙耐寒，耐旱，耐瘠薄。用作柑橘砧木，通常表现矮化，结果早，熟期提前，果实色泽鲜艳，品质改善，但单产较低。如重庆江津用宜昌橙作甜橙、柠檬的砧木，表现结果早，品质优良，但单产较低。15年生的宜昌橙砧锦橙，株产仅0.8～4.5千克。宜昌橙抗天牛，抗脚腐病。宜昌橙解决低产问题之后，是有希望的柑橘砧木。

4. 栽培技术要点及注意事项

宜昌橙的栽培技术要点及注意事项，与其他柑橘栽培基本相同。

5. 供种单位

中国农业科学院柑橘研究所，重庆市果树研究所，湖北宜昌市柑橘研究所等。

(五)红 檬 檬

红檬檬(彩图 7-6)，别名广东柠檬、香柠檬等。

1. 品种来历

红檬檬，原产于我国，可能是柠檬与宽皮柑橘的自然杂种。在广东、湖南、重庆和四川均有分布。

2. 品种特征特性

红檬檬为灌木状小乔木，树姿开张。枝条纤细而零乱，多小刺。叶片较小，长椭圆形，翼叶短小。新梢嫩叶浅紫色，花蕾、花瓣背也呈紫红色。果实较小，单果重 60 克左右，为倒卵形或圆球形。果面红色、光滑，果顶乳凸不甚明显，皮薄。汁多味酸。种子小，每果有种子 10 多粒。种子多胚，子叶绿色或淡绿色。果实在 11～12 月份成熟。红檬檬除用作砧木外，果实还可制汁做饮料。其植株盆栽可供观赏。

红檬檬砧柑橘，树势健旺，生长快速，结果早而丰产。

3. 适应性及适栽区域

红檬檬抗衰退病，耐盐性和耐湿性也强，但不抗裂皮病。它根系浅而不抗旱，易衰老，寿命短。

红檬檬是两广柑橘(甜橙、宽皮柑橘)优良的砧木之一。

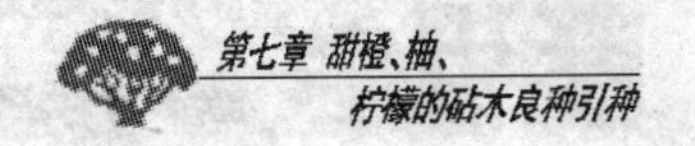

4. 栽培技术要点及注意事项

红檬檬的栽培技术要点及注意事项,与其他柑橘栽培技术基本一致。

5. 供种单位

广东省农业科学院果树研究所及其他产地。

(六)白檬檬

白檬檬,又名白柠檬和土柠檬等。

1. 品种来历

白檬檬原产于我国,可能是柠檬与宽皮柑橘的天然杂种。我国广西、云南、贵州等地有野生分布。

2. 品种特征特性

白檬檬树势中等,树冠半圆形,树姿开张。枝条细长披散,零乱,具小刺。叶色浅,卵状椭圆形。果实圆球形或倒卵形,较小,单果重60克左右。果顶有不太明显的乳突,果色橙黄。果肉柔软,汁多味酸。每果有种子10粒左右。种子多胚,子叶淡绿色。果实在11~12月份成熟,丰产。

白檬檬是两广地区用于甜橙和宽皮柑橘的砧木。

3. 适应性及适栽区域

白檬檬的适应性及适栽区域,与红檬檬相似。

4. 栽培技术要点及注意事项

白檬檬的栽培技术要点及注意事项,与其他柑橘基本一致。

5. 供种单位

广东省农业科学院果树研究所,广西壮族自治区柑橘研究所及产地。

(七)黄皮酸橘

1. 品种来历

黄皮酸橘(彩图 7-7),原产于我国,在广东、广西和台湾等省(自治区)栽培较多。

2. 品种特征特性

黄皮酸橘树势中等,树冠圆头形。枝较硬,细长而密生,具刺。叶片长椭圆形,先端常向叶背反卷。果实扁圆形,较小,单果重25~30克。果色橙黄,果皮光滑,易剥。肉质柔软,多汁味酸。每果有种子 18 粒左右。种子多胚,子叶绿色。果实在 11 月下旬至 12 月份成熟,丰产性好。

3. 适应性及适栽区域

黄皮酸橘作砧木,表现根系发达,须根多,树势旺,丰产稳产,寿命长,品质较好,耐热,耐湿,抗旱,抗脚腐病。华南地区将其用于柑橘砧木,历史悠久,深受果农欢迎,有“千秋万代酸橘好”之说。

4. 栽培技术要点及注意事项

黄皮酸橘的栽培技术要点及注意事项,与其他柑橘同。

5. 供种单位

广东省农业科学院果树研究所,广西壮族自治区柑橘研究所及产地。

(八)红皮酸橘

1. 品种来历

红皮酸橘又名酸柑子。原产于我国广西岑溪、永福一带。在广东、广西和湖南等省(自治区)均有栽培,为华南地区柑橘的砧木。

2. 品种特征特性

红皮酸橘树势强,树冠圆头形,树姿较直立。枝条粗壮,具刺。叶片卵状椭圆形。果实扁圆形,两端微凹,单果重20克左右。果面鲜红色或橙红色,有光泽,稍粗糙。果肉汁多味酸。果实内种子较多,平均每果有15粒左右。种子多胚,子叶绿色。果实在11月下旬至12月中旬成熟。

3. 适应性及适栽区域

红皮酸橘作柑橘砧木,表现树势强,根系发达,须根多,主根深,耐旱,耐瘠,丰产,长寿,适宜山地栽培。

4. 栽培技术要点及注意事项

红皮酸橘的栽培技术要点及注意事项,与其他柑橘栽培技术相同。

5. 供种单位

广西壮族自治区岑溪县农业局,广西壮族自治区永福县农业局。

(九)香　橙

1. 品种来历

香橙(彩图7-8,彩图7-9,彩图7-10),又名橙子。原产于我国,在各柑橘产区都有分布,但以长江流域各省(市)较为集中。

2. 品种特征特性

香橙树势较强,树体高大。枝密生,刺少。叶片长卵圆形或长椭圆形,翼叶较大。果实扁圆形,单果重50~100克。果肉味酸,汁多。每果有种子20~30粒,种子大,多胚,间有单胚,子叶白色。果实于11月上中旬成熟。香橙有许多类型,如真橙、糖橙、罗汉橙和蟹橙等。

3. 适应性及适栽区域

用香橙作柑橘砧木，一般树势较强，根系深，寿命长，抗寒，抗旱，较抗脚腐病，较耐碱，故适宜作温州蜜柑、甜橙和柠檬的砧木。如用资阳香橙作脐橙、温州蜜柑的砧木，亲和力好，虽结果较枳砧稍晚，但后期丰产。

4. 栽培技术要点及注意事项

香橙的栽培技术要点及注意事项与其他柑橘基本一致。

5. 供种单位

中国农业科学院柑橘研究所，四川省资阳市雁江区碑记果树服务站及产地。

(十)本地早

1. 品种来历

本地早原产于我国浙江省的黄岩地区。

2. 品种特征特性

本地早的品种特征与特性，详见笔者所编著《宽皮柑橘良种引种指导》一书第四章“橘类良种引种”中的有关阐述。

3. 适应性及适栽区域

用本地早作砧木，苗期生长较慢，但根系发达，抗寒，抗旱。在浙江黄岩地区，用它作温州蜜柑的砧木，表现树势强，树冠圆头形，枝条紧凑，丰产稳产，果实品质好。用作槾橘和早橘的砧木，表现树冠略矮化。用作脐橙的砧木，也表现树矮化，但较耐盐碱。本地早砧，较耐盐碱，在浙江海涂、山地均可用。

4. 栽培技术要点及注意事项

本地早的栽培技术，详见《宽皮柑橘良种引种指导》一书第四章“橘类良种引种”中的有关阐述。

5. 供种单位

浙江省柑橘研究所,浙江省台州市黄岩区农林局等。

(十一)红　橘

1. 品种来历

红橘(彩图 7-11),原产于我国。

2. 品种特征特性

红橘的品种特征与特性,详见笔者所编著《宽皮柑橘良种引种指导》一书第四章“橘类良种引种”中的有关阐述。

3. 适应性及适栽区域

红橘根系发达,细根多,但分布较浅。在红橘上嫁接活柑橘后,树冠直立性较强。因此,不少柑橘产区用它作为柑橘的砧木。如福建漳州,用它作椪柑砧木,江西用它作南丰蜜橘的砧木,四川和重庆用它作甜橙、温州蜜柑的砧木。嫁接上去的柑橘类,树势比枳砧强,虽结果比枳砧晚 2～3 年,但后期丰产性好,而且抗裂皮病,抗脚腐病,耐涝,耐瘠薄,较耐盐碱。

4. 栽培技术要点及注意事项

红橘的栽培技术,详见《宽皮柑橘良种引种指导》一书第四章“橘类良种引种”中的有关阐述。

5. 供种单位

红橘主产地的红橘罐头厂,可提供种子。

(十二)酸　柚

1. 品种来历

酸柚(彩图 7-12),主产于重庆、四川和广西等省(市、自治区)。我国用于作柚砧木的酸柚,均原产于我国。

2. 品种特征特性

酸柚为乔木，树体高大，树冠圆头形。果实种子多，平均每果有 100 粒以上。种子单胚，子叶白色。果实在 11～12 月份成熟。

3. 适应性及适栽区域

用酸柚作柚的砧木，表现大根多，根深，须根少，嫁接亲和性好，适宜于土层深厚、肥沃，排水良好的地域栽培，酸柚砧抗寒性较枳砧差。

4. 栽培技术要点及注意事项

酸柚的栽培技术，详见本书第五章中有关沙田柚栽培技术要点的阐述。

5. 供种单位

酸柚的产地。

(十三)甜　橙

1. 品种来历

甜橙，又名广柑、黄果和广橘。原产于我国，在长江以南各省(市)的亚热带地区均有栽培。可用作柑橘的砧木。

2. 品种特征特性

甜橙树势强，树姿直立或开张，较高大。枝条具小刺，叶片卵状或椭圆形。果实扁圆至圆球形；种子多胚，子叶白色，数量较多。

3. 适应性及适栽区域

甜橙被用作砧木时，表现树势强旺，生长快，根系深广，抗旱力较强，较丰产，品质也较好。但结果较迟，对脚腐病、流胶病、根线虫病、天牛等敏感，不耐寒、不耐湿。

4. 栽培技术要点及注意事项

甜橙的栽培技术，与其他柑橘的栽培技术基本一致。

5. 供种单位

甜橙的产地。

(十四)土　橘

1. 品种来历

土橘,又名土柑、建柑、黄皮橘、药柑子等。原产于我国,长江流域各省(市)有栽培和分布。

2. 品种特征特性

土橘树势中等,树姿较开张。枝条细软,具小刺。叶片较小,卵状椭圆形。果实扁圆形,单果重90~110克。果面橙黄色,较粗糙。果皮中等厚,有特殊气味。果肉汁多味淡。每果有种子15~20粒。种子小,多胚,子叶绿色。果实在11月下旬至12月上旬成熟,丰产。

3. 适应性及适栽区域

将土橘用作柑橘砧木时,嫁接树表现树势强健,根系发达,较丰产稳产,品质较好,抗寒、抗旱力较强。将其用作甜橙和柠檬的砧木时,嫁接树表现树冠半矮化。但作柠檬砧木时,嫁接树易患流胶病。因此,在利用土橘作砧木时,要因树而异,扬长避短,注意发挥它的优势。

土橘的类型多,性状各异。用作砧木,对不同柑橘来说,其反应不一。

4. 栽培技术要点及注意事项

土橘的栽培技术,与其他柑橘的栽培技术基本一致。

5. 供种单位

土橘的产地。

（十五）粗柠檬

1. 品种来历

粗柠檬(彩图 7-13,彩图 7-14),原产于印度。我国从美国将其引入,现在重庆、四川和广东等地有栽培。

2. 品种特征特性

粗柠檬树势强,树冠高大,半开张,多小刺,叶片椭圆形。果实扁圆形或圆球形,单果重 80 克左右。每果有种子 20 粒以上。种子多胚,子叶淡绿色。丰产。主产期为 11 月中下旬。主要用作柑橘的砧木。巴西、美国、澳大利亚、印度和南非等国,将其广泛用作砧木,表现根系深,侧根发达。

3. 适应性及适栽区域

粗柠檬对土壤适应性强,从轻砂土、砂壤土到黏土,它均能生长,但以在砂壤土上表现最好。喜高温,抗干旱,但畏寒,怕渍水。极抗衰退病,还抗穿孔性根线虫病,但对脚腐病敏感。在国外,用它作甜橙、葡萄柚和柠檬的砧木,表现亲和性好,生长快,树体高大,但果实味偏淡。适合于在我国南亚热带气候区栽培。

4. 栽培技术要点及注意事项

粗柠檬的栽培技术,与其他柑橘的栽培技术基本一致。

5. 供种单位

中国农业科学院柑橘研究所,广东省农业科学院果树研究所等。

附录　供苗单位及其供种情况

一、主要供苗研究所

（一）中国农业科学院柑橘研究所

中国农业科学院柑橘研究所建于1960年，是全国性的柑橘专业研究机构。现有职工240人，其中科学家和技术人员108人，有研究员、副研究员21人。该研究所在重庆市中心以北50千米处，渝合高速公路北碚出口离所仅5千米。占地面积为130公顷，其中柑橘园面积为55公顷。

该研究所的工作重点，是解决柑橘栽培中的重要技术问题，同时开展必要的理论性研究。研究所还组织某些全国性研究协作，培训研究生和技术推广人员，开展柑橘科技的国际交流与合作，参与科技咨询，编辑出版《中国南方果树》和《柑橘与亚热带果树信息》杂志，以及编著技术书籍。

该研究所设有品种研究室、栽培研究室、植物保护研究室、果品贮藏加工研究室和南方果树信息资源研究室。此外，还有试验农场和良种苗木服务部。在所外还设有试验站、试验示范基地（点）。

国家果树种质重庆柑橘圃、国家柑橘苗木脱毒中心、国家柑橘品种改良中心和农业部柑橘及苗木质量监督检验测试中心，均建立在研究所内。

研究所是中国农业科学院、重庆市的文明单位。

该研究所可提供各类柑橘主要优新品种的接穗和苗木。

国家果树种质重庆柑橘圃，有各类柑橘材料近1 000个，可提供接穗，主要的优新品种还可供应苗木。

国家柑橘苗木脱毒中心，可提供岩溪晚芦、尤力克柠檬、3号椪柑、塔罗科血橙、纽荷尔脐橙、清家脐橙、奥灵达夏橙、锦橙优系（新系）和强德勒柚等脱毒苗和接穗。

该所良种苗木服务部可提供的柑橘品种（苗木、接穗）有：特早熟温州蜜柑宫本、山川、大浦、日南1号;山下红温州蜜柑;太田椪柑、新生系3号椪柑、台湾椪柑、岩溪晚芦;纽荷尔脐橙、清家脐橙、丰脐、林娜脐橙、卡拉卡拉(红肉)脐橙、福本脐橙;塔罗科血橙新系;北碚447锦橙、江津78-1锦橙、中育7号甜橙;无核雪柑;奥灵达夏橙、蜜奈夏橙、德尔塔夏橙;优良杂柑清见、明尼奥拉橘柚、津之香、不知火、早香、南香;良种柚的琯溪蜜柚、晚白柚、龙都早香柚、沙田柚、东风早(特早熟柚,丰产,单果重1300克,果皮黄橙色,薄而光滑,较易剥离;少核,质地脆嫩化渣,风味纯正,品质极优,果实于9月下旬至10月初成熟)、强德勒以及星路比葡萄柚等。

地　址:重庆市北碚区歇马镇

邮　编:400712

电　话:023—68349709

传　真:023—68349712

国家果树种质重庆柑橘圃:

负责人兼联系人:江东

电　话:023—68348195,023—68349003

传　真:023—68348195

手　机:13983194771

Email:Citrusgr@public.cta.cq.cn

国家柑橘苗木脱毒中心:

负责人:周常勇、戴胜根

联系人:李太盛、唐科志

电　话:023—68349126,023—68349002

传　真:023—68347002

(二)重庆市果树研究所

重庆市果树研究所位于江津市大桥南桥头,始建于1937年,是我国建立最早的果树研究所之一。

研究所现有80名科技人员,其中享有政府津贴的专家7人,研究员7人,副研究员21人,中级职称52人。从学历上说,有博士2人,硕士7人,大专以上学历者71人。现设有常绿果树、落叶果树、贮藏加工和综合技术四个研究室和两个实验场，一个良种苗木繁育基地和一个科技开发有限责任公司。建有规范化良种母本园、示范园和良种苗木基地60公顷(900余亩)，年产各种优质果品20万～25万千克，优质良种苗木300万～500万株，固定资产(除土地外)3 600万元，为“八五”农业部授予“合格研究所”牌单位。

建所以来，主持开展了170多项涉及各种果树和蔬菜、花卉的项目研究。先后取得国家、省(部)级和地(市)科技成果160多项，其中1978年以来，取得各级获奖成果57项。这些成果多数在川、渝等10多个省(市、自治区)广为推广，成为我国栽培最多，并被美国、日本、西班牙和前苏联等国引种的“锦橙”和优良砧木——“枳”，以及“金花梨”之后，近年又新选育出柑橘良种“梨橙”、“红6-6”、“晚丰橙”，引进筛选良种“洛娃”，以及适宜川、渝地区栽培的优质水蜜桃“津优”、油桃“渝油一号”、“渝油二号”、“嘉平大枣”和优质良种梨“绿蜜”等优新品种，并在600×667平方米良种苗木基地培育有大量优质苗木。该所研制生产的柑橘保鲜剂，系目前效果良好的柑橘保鲜剂，作为重庆市“九五”重点科技攻关项目，具有国际领先水平，符合国家“绿色食品”要求的“水果贮运防腐生物制剂”，已获得突破性进展，近期将投入批量生产。

研究所可提供的柑橘品种(苗木、接穗)有：梨橙、锦橙100号、塔罗科血橙新系、台湾椪柑、红6-6(特点：果大皮薄，外表深橙色至橙红色，果肉脆嫩化渣，味浓甜；果实11月下旬成熟，耐贮性极强；早结果，特丰产)和福本脐橙等。

所　址：重庆江津市鼎山大道南侧　邮编：402260
传　真：023—47561899，023—47571467
电子信箱：frtcg@ china.com
网　址：www.cqfruit.com
负责人：弓成林　电话：023—47561899(办)
　　　　　　　　手机：13908307280
联系人：徐东明　电话：023—47570486(办)
　　　　　　　　手机：13509488865

(三)重庆市园艺作物良种繁育推广中心

重庆市园艺作物良种繁育推广中心，地处北碚区歇马镇，系由农业部和重庆市人民政府共同投资 1 584 万元，所建设的国家级果树良种繁育场，也是重庆市的重点工程，由重庆市农业局和北碚区政府组织实施。由市经作站、北碚区农业局果树茶叶站等单位投资入股组建的股份合作制企业，主要负责全市园艺作物新品种引进、示范、无病毒材料保存、良种繁育和推广。

该中心注册资金为 510 万元，占地面积为 33.33 公顷(500 亩)，现有职工 15 人。其中农业技术推广研究员 2 人，高级农艺师 8 人，技术力量在全国同类企业中名列前茅。中心建有现代化大棚温室 6 320 平方米、网室 2 000 平方米，建成了园区母本园、示范园、苗圃、生产作业道等主要生产设施，所有良种材料实现了网室和围墙保存，可以有效防止母本树和繁育种苗的再感染；园圃中安装了以色列全自动肥水一体喷滴灌系统，实现了精确施肥和精确灌溉。该中心是长江流域地区国内外园艺作物优新品种引进、保存、示范和繁殖的大型基地之一，其柑橘无病毒容器苗快速繁殖技术已经达到国际先进水平。

目前，该中心已引进、保存了几十个果树无病毒良种源，具备年繁育高质量柑橘容器苗 200 万株，其他果树 100 万株，花卉 100 万株，以及能提供柑橘良种接穗 300 万枝的能力。

重庆市园艺作物良种繁育推广中心，可提供柑橘无病毒接穗，专门为采穗圃生产的网室无病毒容器苗，柑橘无病毒容器苗，柑橘及其他果树露地苗。可供应的柑橘品种有：杂柑类的佩奇橘柚、橘橙 7 号，甜橙类的北碚 447 锦橙、渝津橙、梨橙、特洛维塔甜橙、哈姆林甜橙、蜜奈夏橙、德尔塔夏橙、路德红夏橙、奥灵达夏橙和康倍尔夏橙，红肉脐橙、华红脐橙、福本脐橙、耐湿脐橙、梦脐、纽荷尔脐橙和清家脐橙，太田椪柑和 HB 柚等。

除柑橘以外，可提供的其他果树品种还有：早熟梨：新世纪、璧玉 16 号、璧玉 15 号、璧玉 14 号和璧玉 12 号等；桃：皮球桃和中华寿桃；西洋杏：金太阳、凯特杏和大果杏；西洋李：黑宝石、红心李、紫琥珀和圣玫瑰；日本李：特早 1 号和日香李；樱桃：乌皮樱桃；日本柿：禅师丸和次郎等。

地　址：重庆市北碚区歇马镇
邮　编：400712
负责人：张才建、熊　伟
联系人：夏仁斌、张信忠
电　话：023—67732657，023—68248197

(四)重庆市林业果树研究所

重庆市林业果树研究所,是重庆市著名的民营科技企业,是西南地区种苗行业的龙头企业。该所在重庆市铜梁县、成都龙泉驿区、广西来宾县和湖南新田县建有四大种苗基地,属省级农业产业化的龙头企业,被国家林业局授予“全国特色种苗基地”的荣誉称号。

该所拥有固定资产 3 100 万元,高中级技术人才 65 人,品种资源圃拥有 25 个大类,1 500 个优新林果品种。由该所建立的“铜梁县无病毒柑橘良种采穗圃”拥有柑橘良种资源 120 个,其中杂柑品种 42 个,是目前我国品种最齐全的杂柑采穗圃。该所拥有育苗基地 233.33 公顷(3 500 亩),采穗圃 33.33 公顷(500 亩),已达到年出圃 5 000 万株优质健壮苗的生产能力,其中建成了全国最大的杂柑和枇杷育苗基地,南方最大的日、韩梨,布朗李,无核葡萄(在铜梁县建有 200 × 667 平方米 353 个品种的“南方早熟无核葡萄科技示范园”),无花果,笋材两用竹和樱桃苗木繁育基地。此外,该所还特别重视传统产业与高新技术的结合,大力发展电子商务,建有《中国果业网》(WWW.zh-bgs.com)、《中国竹业网》(WWW.aaaa 9999.com)、《南方葡萄网》(WWW.aaaa 6666.com)、《中国无花果网》(WWW.aaaa.5555.com)等 10 个专业林果网站,每年前来访问的人数达 80 万人次。

该研究所可提供的柑橘品种(苗木、接穗)有:福本脐橙、晚棱脐橙、卡拉卡拉(红肉)脐橙、塔罗科血橙新系,杂柑类的天草、不知火、清见、诺瓦、天香、南香、阳香、濑户佳(香)、春见、西之香、早香、津之香、朱见等,台湾 85-1 椪柑、岩溪晚芦,日南 1 号、上野、大分、丰福、铜水 72-1 无核锦橙、矮晚柚、琯溪蜜柚(脱毒)、尤力克柠檬和奥灵达夏橙等。此外,还可少量提供爱媛 14 号、爱媛 17 号、爱媛 21 号、爱媛 22 号、口之津 23 号、口之津 32 号、春香、美姬等品种。

地　址:重庆市铜梁县北环路 3 号

邮　编:402560

负责人:胡平正

电　话:023—45633089(办),023—45632497(宅)

手　机:13808326283

联系人：杨邦伦

电　话：023—45651293

手　机：13509426609

该研究所所属四大种苗基地联系电话：

重庆市铜梁县基地：023—45633089；四川省成都市龙泉驿区基地：028—84877799；广西来宾县基地：0772—4225600；湖南省新田县基地：0746—4713888。

（五）重庆市南方果树研究所

重庆南方果树研究所，是南方重要的果树科研机构之一，现有员工128人，技术力量雄厚。既有享受国务院特殊津贴的研究员和重庆市首批学术技术带头人，又有高级农业经济师、注册会计师、律师和工商管理硕士等。拥有果树种质资源1680多个，建有南方名优果品生产基地106.67公顷（1600余亩），其中股份制苗圃约66.67公顷（1000亩），试验示范园16.67公顷（250亩），品比园12公顷（180多亩），采穗圃23.33公顷（350亩）。

该研究所与中国农业科学院所属的三大果树研究所、北京市林果研究所、西南农业大学和上海同济大学等科研院所与院校，建有良好的品种互换、中试等协议。

该研究所的重庆市金木现代农业发展有限公司（注册资金800万元），主要以“公司+标准+基地+农户”的形式，对中高档果品进行回收与组织销售。现已在重庆市建有几十个“金木果品”直销连锁点，通过以科学食用水果，引导果品消费，实行优质优价的方式，从终端拉动和促进果品销售，创建果业品牌。

公司积极致力于为南方果品产业结构调整推出优新品种、先进的栽培技术，为农民增收致富奔小康服务。

公司可提供的柑橘优新品种（苗木、接穗），有杂柑的天草、不知火、清见、天香、南香和诺瓦；台湾椪柑、太田椪柑和新生系3号椪柑；塔罗科血橙新系；琯溪蜜柚；尤力克柠檬，佛手和川佛手等。除提供柑橘品种外，还可提供的果树优新品种，有桃的中华乌桃、蟠桃、油蟠桃、新川中岛水蜜桃和中华圣桃等；枇杷的大五星和金丰1号等；梨的六月雪、中梨1号、金20世纪、黄金梨、大果水晶梨、金光杂交1号梨和丰水梨等;葡萄的希姆劳特;大青枣;李的红玫瑰;杏的金光杏(1号、2号、4号)和凯特杏等;樱桃的黑珍珠樱桃;石榴的红巨蜜,以及柿、板栗、核桃和银杏等果树的优新品种。

地　址:重庆市南岸区南坪响水路76号

邮　编:400600

负责人:黄琪玲

联系人:余大革、贺燕、陈华平

电　话:023—62920668,023—62811001

传　真:023—62926884

网　址:WWW.jmgy.com.cn

中文域名:南方果树

(六)浙江省柑橘研究所

浙江省柑橘研究所,创建于1936年。主要从事柑橘、杨梅和枇杷等常绿果树的品种改良、栽培技术、病虫害防治、农产品采后处理加工、综合利用、质量检测等领域的试验研究和技术推广服务。设有柑橘育种、栽培、植保和加工研究室,以及生物技术实验室与中心化验室,编辑出版《浙江柑橘》季刊。藏书18 000余册,期刊300多种。拥有液相色谱、气相色谱、原子吸收和紫外分光光度等仪器设备200多台套。占地30公顷(450多亩),拥有柑橘品种资源圃、栽培试验园和植保试验园等。与日本和澳大利亚有土肥、无公害农药开发等领域的合作项目。现有职工82人,是国内柑橘科研强所,具有较强的综合研究开发实力。

改革开放以来,研究所根据我国柑橘业发展的实际情况、产销形势及国际柑橘业发展变化的趋势,以柑橘品种选育推广为基础,开展了柑橘业宏观策略、名产地发展战略、品种结构调整、轻型设施和完熟栽培、主要病虫害的灾变及综合防治、加工综合利用、无公害系列标准制定等方面的试验研究。1995年以来获得省(部)级科技进步奖9项。主要成果有:"柑橘品种结构调整技术研究"获1996年度浙江省科技进步优秀奖;"柑橘微生态菌及其制剂(增果乐)的开发研究",获1998年度浙江省科技进步二等奖;"柑橘热害及化学调控研究",获1998年度浙江省农业科技进步二等奖;"柑橘轻型设施和完熟栽培技术研究"、"柑橘业宏观策略技术研究",分别获2001年度浙江省科技进步三等奖;"柑橘主要病虫害的灾变规律及综合防治技术"和"出口柑橘皮农药残留脱除技术研究",获2002年度浙江省科技进步三等奖等。

研究所承担国家自然科学基金重点项目——"柑橘果实品质形成规律研究","十五"期间国家科技攻关项目——"柑橘类果树新品种选育及其优质栽培技术研究"等的试验研究。在省内建立有12个柑橘及其他果树的优质果、高品质化与无公害栽培等的试验示范基地。

研究所可提供以宽皮柑橘为主的优新品种(接穗、苗木)和优良的砧木种子。

地　址:浙江省台州市黄岩区大桥路11号

邮　编:318020

负责人:陈国庆

传　真:0576—4112510

电　话:0576—4112510,0576—4222460

E-mail:Zgyb@mail.tzptt.zj.cn

(七)广西壮族自治区柑橘研究所、果蔬研究所

广西壮族自治区柑橘研究所,广西壮族自治区果蔬研究所,分别创建于1965年和1997年,占地面积50公顷,是自治区属科研单位。现有在职人员123人,其中专业技术人员65人,具高级职称的技术人员12人,中级职称的技术人员29人。柑橘研究所成立30多年来,在柑橘高产栽培、新品种选育、病虫害防治和果品贮藏保鲜等技术研究方面,取得了显著成绩。共获得科研成果奖53项(次),编著出版专业著作14种,公开出版发行《广西园艺》期刊一种。

研究所以应用技术研究和科技成果推广为主。其宗旨是努力开展新品种、新技术的试验研究与推广,为广西培训农技人才,促进广西的水果蔬菜业蓬勃发展。研究所现建有全自治区惟一的柑橘无病良种母本园和最大的柑橘无病良种繁育体系,每年可培育柑橘良种无病苗木30万~50万株。

目前,可提供的柑橘良种有:纽荷尔脐橙、大三岛脐橙,塔罗科血橙,奥灵达夏橙、阿尔及利亚夏橙,宫本、山川、大浦和桥本等特早熟温州蜜柑,新生系

3号椪柑、无核椪柑、岩溪晚芦(椪柑),以及茂谷柑(默科特橘柚)、砂糖橘和贡橘等。

地　址:广西桂林市普陀路40号
邮　编:541004
负责人:陈腾土
电　话:0773—5818897,0773—5812349
联系人:赵小龙,张社南
电　话:0773—5861940,0773—2977056
传　真:0773—5816600

(八)广东省农业科学院果树研究所

广东省农业科学院果树研究所,建立于1963年。全所占地面积30公顷,其中试验果园面积15公顷。现有职工88人,其中高级研究人员21人,中级研究人员18人,博士5人,硕士6人。设有荔枝、龙眼、香蕉、柑橘研究室和果品加工等研究室,以及果树良种研究推广中心、果树化学调控研究推广中心、政工科、行政科和科技科。并建有"广东省果蔬新技术研究重点实验室"、国家定点农化生产厂"广州市永生化工厂"和国家果树种质广州香蕉圃与荔枝圃。

根据广东省果树生产实际,该所重点开展果树良种良法研究,同时适当开展果树的应用基础研究。在"八五"期间全国农业科研开发综合实力评估中,排名46名,在同类行业中排第三名,被评为全国农业科研开发"百强研究所"。"九五"以来,共承担国家、部(省)、市(地)、院等各级各类科研项目100多项,共获得科技成果26项,发表科技论文240多篇,参与编写、出版科技著作40多部,内容包括果树新技术研究、栽培技术、病虫害识别与防治、新品种选育、品种资源开发和果品保鲜、加工等。

该所坚持科研与生产相结合,研究解决广东果树生产存在的关键技术问题,促进科技成果的产业化和社会化。该所科研人员经过多年努力,选育出广东香蕉1号、广东香蕉2号、无籽少籽红江橙、85-1椪柑、85-2蕉柑、早熟蜜柚、脐橙、暗柳橙、试18椪柑、东13椪柑、鉴江红糯荔枝、粤引1号脐橙、粤引2号脐橙、奈92-1脐橙和早熟龙眼等一大批在生产上大面积推广应用的优良品种(系)。该所附属的国家定点农药化肥生产厂——广州市永生化工厂,通过研制新产品,促进该所科研成果的推广应用,研制出了果树化学调控剂、农药、高效叶面肥等新产品 10 多个,在华南地区年均推广面积达 2 万公顷(30 万亩),取得了显著的社会经济效益,深受广大果农欢迎。

经过多年的努力,该所已形成了独具特色且较为完善的技术推广及产品销售网络,同时采取技术培训、科技扶贫、建立科技示范点等方式,指导基层单位开展科研和生产,帮助果农树立长期而系统的技术观念,社会反响极大,有力促进了广东省果树生产的持续发展,为实现“科技兴粤”和进一步推动“三高”农业的发展,做出了积极的贡献。

研究所可提供的柑橘品种(苗木、接穗)有:试 18 椪柑、东 13 椪柑、85-1 椪柑、和阳 2 号椪柑、白 1 号蕉柑、孚选优蕉柑、南 3 号蕉柑、85-2 蕉柑、十月橘*、年橘、阳山橘、春甜橘*、马水橘、贡橘*、大红柑、八月橘、粤引 2 号脐橙、粤引 3 号脐橙、奈 92-1 脐橙*、红江橙、无籽红江橙*、少核红江橙、暗柳橙、红 1-7 甜橙、新会橙、雪柑、韦尔金、尤力克柠檬、香柠檬、里斯本柠檬和新路比葡萄柚等。

* 十月橘:树势较强,粗生,丰产稳产,抗逆性强。单果重 58 ~ 84 克。果皮橙红色,易剥离,果汁多,味浓甜。果实可溶性固形物含量为 12% ~ 15%、酸含量为 0.59 ~ 0.72 克/100 毫升。每果有种子 11 ~ 21 粒。果实在 11 月份至 12 月上旬成熟。

* 春甜橘:树冠圆头形,发枝力强,枝梢稍长。果实扁圆形,果皮橙黄色,光滑易剥。单果重 45 ~ 70 克,可溶性固形物含量为 12% ~ 13%,酸含量为0.3 ~ 0.45 克/100 毫升,果肉清甜爽脆,无籽或少籽。果实翌年 1 ~ 2 月份成熟。

* 贡橘:系橙与橘的自然杂交种。树势较强,树冠半圆形。枝条较疏,较直立。果实近圆球形,果皮金黄色。果肉有红色和白色两种。单果重 112 ~ 152 克,较易剥皮。可溶性固形物含量为 10.5% ~ 12.5%,酸含量为 0.3 ~ 0.5 克/100 毫升。果肉质地脆嫩、汁多化渣,品质优良。果实在 11 月中旬至 12 月上旬成熟。

* 奈 92-1 脐橙:树冠半圆形,树势中等,树姿开张。发枝力强,易成花,着果率较高。果实长椭圆形,平均单果重 252 克左右。果皮橙红色,光滑,外形美,小脐至闭脐。可溶性固形物含量为 12.5% ~ 13.5%,酸含量为 0.74

克/100 毫升,果实品质佳。果实在 12 月中旬至翌年 1 月上旬成熟。

*无籽红江橙:早花早结性好,丰产稳产。平均单果重 128~140 克。果皮橙红色,有光泽。可溶性固形物含量为 13%~14%,酸含量为 0.85~1 克/100 毫升。果肉色红,汁多化渣,品质佳。果实于 12 月中旬至翌年 1 月上旬成熟。

所　址:广州市天河区五山
邮　编:510640
电　话:020—38765510
负责人:马培恰
电　话:020—387655367(办)
手　机:13809770709
联系人:吴　文
电　话:020—3876367(办)
手　机:13809770529

(九)湖南省园艺研究所

湖南省园艺研究所创建于 1973 年,是省级科研单位。现有职工 158 人,其中科研技术人员 78 人,有研究员、副研究员 18 人。研究所位于长沙市火车站以东 11 千米处,以柑橘为主的果园及苗圃地 40 公顷。该所目前主要开展柑橘、落叶果树、园林花卉等几方面的科研,同时承担果园、绿化工程设计与施工及科技咨询业务,也开展良种果苗、绿化苗繁育及销售业务。研究工作以应用技术研究为主,重点是解决柑橘、落叶果树、花卉栽培中的重要技术问题,以及果实采后商品化处理及贮藏技术问题。在国际交流与合作项目及自然科学基金资助项目中,进行了一些应用基础理论研究。柑橘是研究所主要研究的果树,几十年来,开展了柑橘种质资源、新品种选育及引种筛选、栽培技术、植物保护、贮藏加工等方面的研究。其研究成果通过所内外试验示范,有力地促进了湖南柑橘业的发展。

为适应改革的新形势,该所设有“楚源”果业发展有限公司和“格瑞”园艺科技发展有限公司,分别承担果业科技开发和园林绿化工程及苗木开发。

湖南省园艺学会挂靠在该所,不定期出版《湖南园艺》杂志。

研究所供应的柑橘品种(苗木、接穗)有:脐橙 N-1*、纽荷尔脐橙、朋娜脐橙、冰糖橙优系*、埃及糖橙、红肉脐橙、无核椪柑*、少核椪柑,特早熟温州蜜柑:特早1号*、宫本、市文、大浦、日南1号、隆园早、杂柑天草、清见,南丰蜜橘,琯溪蜜柚、沙田柚,以及金柑等。

*脐橙 N-1:果实长圆形,果皮橙红色,品质优良,丰产性好。果实在11月中下旬成熟,耐贮藏。

*冰糖橙优系:果实近圆球形,大小较均匀。肉质脆,味浓甜,无酸,少籽,丰产。果实于11月下旬成熟。

*无核椪柑:果实扁圆,无核性状稳定,品质优良,丰产性好。果实在11月中下旬成熟。

*温州蜜柑特早1号:果实扁圆,果皮橙黄,味较浓,丰产。果实于9月中旬成熟。

所　址:湖南省长沙市马坡岭

邮　编:410125

负责人:张孝岳

电　话:0731—4691181(办),0731—5360957(宅)

手　机:13974817738

联系人:张映南

电　话:0731—4632727(办),0731—4692392

手　机:13974833359

(十)江西省双金柑橘试验站

江西省双金柑橘试验站,是全国最早成立的四个柑橘试验站之一。其科技力量雄厚,现有高级职称者6人,中级职称者10人。该站从事《江西园艺》编辑出版、果树科研、生产示范、技术推广和良种繁育等多项工作,承担农业部、省农业厅科研项目多项,举办江西省果树技术培训班。农业部江西省"948"项目良繁中心设在该站。

近年来,"柑橘吸果夜蛾防治"、"柑橘螨类综合防治技术"、"柑橘贮藏保鲜技术研究"和"温州蜜柑特早熟品种引种试验"等多项科研成果,以及所举办的"果树技术培训班",均获奖。现有果树品种园6.67公顷(100亩),良种采穗园3.33公顷(50亩),苗圃4.67公顷(70亩)。

江西省双金柑橘试验站坐落在樟树市境内,试验站离昌粤、昌湘高速公路交汇点的昌付出口处仅1千米,交通便利。

试验站可供应的柑橘品种(苗木、接穗)有:红肉脐橙、福本脐橙、耐湿脐橙、华红脐橙、纽荷尔脐橙、梦脐橙、晚棱脐橙等;特早熟温州蜜柑德森、山川、宫本、日南1号、上野等,早熟温州蜜柑宫川、兴津等;太田椪柑、台湾椪柑、黔阳无核椪柑;杂柑诺瓦、清见、秋辉、天草等;以及金沙柚、HB柚和强德勒柚等。

地　址:江西省樟树市双金
邮　编:331213
负责人:肖玉坚
电　话:0795—7831008
手　机:13879561001
联系人:徐章彬、林石金
电　话:0795—7831433
手　机:13970559452

(十一)湖北省农业科学院果茶蚕桑研究所

湖北省农业科学院果茶蚕桑研究所,位于武汉市江夏区金水闸,并在武汉东湖高新技术开发区南湖农业园设有一部分。现有科研设施齐全,试验基点完善,人才结构合理,地域优势明显,具有较高的研究和开发水平。主要从事果树、茶叶、桑树等方面的新品种选育,丰产栽培技术研究与茶叶加工工艺研究,家蚕新品种选育,以及果、蚕、桑病虫害防治技术研究与蚕药研制等工作。

全所现有职工606人,其中有高级职称者46人,享受国务院特殊津贴者11人,曾先后获国家、省部级科技进步奖73项(次),国家发明奖1项,国家发明专利1项。目前,承担国家、省部级各类科研项目20余项。

该所可提供的柑橘品种主要是金水柑(鄂柑1号)。

地　址:湖北省武汉市江夏区金水闸
邮　编:430209

负责人：胡兴明
电　话：027—87987982(办)
联系人：蒋迎春
电　话：027—87987982(办)，027—87987210(宅)
手　机：13618601174

(十二)贵州省柑橘科学研究所

贵州省柑橘科学研究所始建于1975年6月。全所有高级技术职称3人，中级技术职称10人，初级技术职称20人；供科学研究试验和开发用地20公顷。

该科研所以柑橘果树应用技术研究为主，针对全省柑橘生产中存在的重大技术难题，积极开展科研和生产示范，在柑橘新品种大面积区域化试验、品种选育、柑橘植物营养和重大病虫害综合防治方面，取得了不少研究成果，为贵州的柑橘商品基地建设和规划，做出了贡献。先后推广甜橙类、宽皮柑橘类等国内外柑橘优新品种10余个；制定《贵州省柑橘生产地方标准》，在省内推广实施；在柑橘多胚品种的杂交育种方面取得突破；在贵州柑橘害虫天敌资源和柑橘园土壤类型方面，进行了较为广泛的研究。1984年以来，共取得科研成果16项，在省级以上技术性刊物发表研究论文120篇。近年来，结合当地气候、资源及本所的技术优势，在富有特色的南亚热带观赏性园艺植物、蔬菜育种、繁殖技术方面，积极开展研究工作，为推出新品种和新产品，发展贵州的经济服务。

该科研所可提供的柑橘品种有：纽荷尔脐橙、丰脐、朋娜脐橙、塔罗科血橙新系，太田椪柑、岩溪晚芦，特早熟温州蜜柑——胁山、大浦，早熟温州蜜柑——国庆一号、宫川和兴津等。

地　址：贵州省罗甸县龙坪镇环城北路68号
邮　编：550100
负责人：蔡永强
电　话：0854—7611292

(十三)云南省玉溪市柑橘科学研究所、华宁县牛山柑橘实验场

玉溪市柑橘科学研究所、华宁县牛山柑橘实验场地处玉溪市东南部、素

有“天然温室”之称的盘溪，是柑橘生产的生态最适宜区。研究所(场)是云南省集科学研究、技术推广、良种无病毒苗木繁育和果品生产于一体的单位，荣获云南省文明单位和云南省科技先进企业称号。

该所(场)有职工116人，其中技术人员40人；拥有土地80公顷(1 200亩)，建有规范化的“高产、优质、高效”柑橘园53.33公顷(800亩)，无病毒良种苗木繁育圃7.2公顷(108亩)，有柑橘品种资源240个。年生产柑橘800余吨，出圃优质柑橘苗木50万株，从柑橘生产规划、果园经营管理，良种苗木繁育、高产栽培、品种驯化筛选和高效防病防虫等方面，开展新技术试验研究和开发、示范、推广项目10余项。

该研究所(场)以促进当地柑橘产业为主旨，为省、市提供柑橘新品种、新技术、建立示范果园、培训技术人才做了大量工作，建立国营、集体、民营连片基地68个，为广大农民致富找到了一条以生产“早熟、优质”柑橘闻名省内外的好路子。

研究所(场)在促进地方柑橘业发展的同时，自身也硕果累累：兴津温州蜜柑获首届中国农业博览会金奖，生产的优质甜橙在第二届中国农业博览会获金奖1个，银奖3个；哈姆林、椪柑、冰糖橙等11个品种(系)先后获农业部、云南省优质水果誉称，向云南8个地(市、州)、28个县(市)提供10多个品种(系)的优新柑橘苗600多万株。

在科学研究上，50多个科技项目分别获国家科技部、云南省、玉溪市和华宁县的奖励。引进柑橘茎尖嫁接技术，成功建立了柑橘良种无病毒苗木繁育体系，使柑橘育苗进入了国内先进行列，达到了规范化、优质化、无毒化。

研究所(场)可提供的柑橘优新品种(苗木、接穗)有：特早熟温州蜜柑的大浦、宫本，早熟温州蜜柑的兴津、宫川、椪柑的新生系3号，脐橙的丰脐、汤姆逊脐橙以及冰糖橙等。

地　址：云南省华宁县盘溪牛山

邮　编：652801

负责人：朱联书

电　话：0877—5091361，0877—5091183　手机：13987773672

联系人：孙德昕

电　话：0877—5091270　手机：13887775622

(十四)四川省遂宁市名优果树研究所

四川省遂宁市名优果树研究所,始建于1998年,是在各级政府,特别是遂宁市委、市政府关怀和市科技局、农业局的支持下成立的民营科研单位。研究所从事名优水果研究,当前的重点是推广示范由所长彭永红从矮晚柚中选出的优系——遂宁矮晚柚。

遂宁矮晚柚,植株矮壮,结果早,丰产稳产,品质优良,果实晚熟,耐贮性好。虽推广不久,但受到广大果农、消费者的青睐。目前,除四川外,重庆、湖北、湖南、浙江、江西、福建、贵州和云南等省(市)都有引种与栽培。其苗木和果品供不应求。

遂宁矮晚柚,1999年在广东梅县全国第六次柚类评比中荣获金杯奖;2001年在四川安岳全国第七次柚类评比中再次荣获金杯奖;2003年1月,在全国果品流通协会于上海召开的第七届全国名特优果品展销会上,荣获"中华名果"的誉称。2001年11月9日,在北京举办的"中国国际农业博览会"上,时任国务院副总理的温家宝视察了遂宁矮晚柚,并给予了高度评价。

研究所还重视除矮晚柚以外的其他名优柑橘品种及南方果树名优品种的推广示范。

地　址:四川省遂宁市德胜路307号
邮　编:629000
所　长:彭永红
电　话:0825—2245198(兼传真)
手　机:13909066512

(十五)成都市龙泉园艺科学研究所

成都市龙泉园艺科学研究所,位于四川成都市龙泉驿区,主要任务是研究推广柑橘及其他果树的新品种和新技术,为农民致富奔小康服务。

该研究所可提供的柑橘优新品种(苗木、接穗)有:不知火、天草、天香、南香、阳香、春见、濑户佳(香)、清见、诺瓦、早香、西之香和津之香等杂柑,福本和卡拉卡拉(红肉)等脐橙,岩溪晚芦和台湾椪柑,日南一号、上野早生、大分早生和丰福,铜水72-1无核锦橙,奥灵达夏橙,矮晚柚,以及尤力克柠檬等。

地　址：四川成都市龙泉驿区邮政局内
邮　编：610100
负责人：杨邦模
联系人：杨邦模
电　话：028—84878788，028—84863888
手　机：13808231959

二、部分供苗场（站）和公司（中心）

（一）重庆市三峡建设集团有限公司

重庆市三峡建设集团有限公司，成立于1994年12月，注册资本为3 300万元，主营三峡移民项目综合开发。截止2002年12月底，公司资产为19 761万元。

该公司现有职工128人，其中高级技术职称人员17人，中级技术职称人员54人。2002年12月，国家农业产业化办公室将其列为国家农业产业化重点龙头企业。

该公司长期从事农业产业化项目开发，始终坚持将发展农副产品深加工和农民增收并重。一方面，在加工厂建设中历时7年做了大量前期工作，目前，作为重庆百万吨优质柑橘产业化工程的示范加工厂，预计年底可建成并投产；另一方面，在基地建设中，从规划、苗木和幼树抚育管理等方面，为农户提供无偿服务。现已建成现代化柑橘基地4 333.33公顷（6.5万亩），其基地正从忠县向垫江、长寿和涪陵等区、县发展。

该公司还承担了国家"十五"科技攻关重大项目中的"柑橘加工技术及设备研究与开发"和"三峡库区高效生态柑橘产业发展关键技术研究与示范"两个课题。

公司重视从优质苗木培育、高标准基地建设到柑橘深加工一体化的产业化开发链建设，迄今已建成占地8.73公顷（131亩）的柑橘脱毒壮苗容器育苗中心，其中建筑面积为7 600平方米，包括现代调控温室、营养土控制消毒场、母本树防虫网室,可年产200万株优质柑橘苗。其可以提供的苗木品种有:哈姆林甜橙、中育7号甜橙、北碚447锦橙、渝津橙(78-1)、铜水72-1锦橙、伏令夏橙、奥灵达夏橙、德尔塔夏橙、蜜奈(子夜)夏橙,以及适于鲜销的优新脐橙品种和杂柑等。

地　址:重庆市忠县新立镇
邮　编:404300
负责人:罗弟福
联系人:欧阳禹章
电　话:023—54692262
传　真:023—54692264

(二)重庆市江津市锦程实业有限公司

江津市锦程实业有限公司,建于1998年,以农业产业化为主营方向,具有"AAA"级银行信用等级,拥有资产7 500万元,自有土地66.67公顷(1 000余亩),种植面积200公顷(3 000多亩),各类房产和农业设施3万多平方米。现有油溪农场、重庆现代农业培训中心和无病毒良种柑橘种苗繁育中心、花木园艺场四个分公司。

该公司是国家级良种柑橘示范基地的项目业主,该基地一期工程已建成交付使用,二期工程建设正在实施,项目总投资4 575万元。该基地建成后,可年产优质柑橘4 000吨,提供优质接穗300万枝,优质种苗200万株,年培训技术人员2 000人次,将有力地促进重庆乃至西南地区的柑橘产业发展。

该公司坚持以科技为先导,按照"公司+基地+农户"的模式,培育和发展主导产品"渝津牌"江津锦橙。"渝津牌"锦橙被1999年中国农业博览会认定为名牌产品,是重庆市五大名果之一。中央电视台新闻联播栏目曾两次报道锦程公司所实施的产业化。2002年评为重庆市级农业产业化龙头企业,被确定为"重庆百万吨优质柑橘产业化工程"定点育苗单位、"三峡库区柑橘产业化工程"的定点育苗单位。每年该公司可为重庆及其周边地区提供各种果树种苗和生态林种苗800万株以上,并对提供的种苗实行质量保证制度。

该公司可提供的柑橘无病毒苗木(容器苗、露地苗)和接穗的主要优新品种有:夏橙的奥灵达、德尔塔、蜜奈(子夜)、卡特,哈姆林甜橙,渝津橙、北碚

447、蓬安100号、红6-6等锦橙优系，特罗维塔甜橙，太田椪柑，特早熟温州蜜柑山川以及尤力克柠檬等。

此外，还可提供枇杷、南方早熟梨、枣、银杏、板栗、美国山核桃等果树品种的苗木和接穗。

地 址：重庆市江津津西路

邮 编：402260

传 真：023—47563298

网 址：www.CqJincheng.com

负责人：郑 勇

电 话：023—47564338

手 机：13509426018

联系人：张 涌

电 话：023—47560562

手 机：13002378458

（三）重庆市绿康果业有限公司

重庆市绿康果业有限公司，地处重庆北碚区歇马镇，建于1995年。该公司建立以来，一直与科研院所、大专院校紧密合作，以科技为支撑，不断壮大发展。现有固定资产650万元，在职职工160人。其中：大学本、专科以上者21人，从事研究开发人员12人，管理人员15人。现有基地80公顷（1 200亩）。其中果树新品种选育和良种母本园20公顷，育苗基地53.33公顷（800亩），采穗圃6.67公顷（100亩）。拥有各类果树优新品种1 000多个，其中90%以上是近几年国内外新选育的。有高新科技成果和先进实用技术20项。其中该公司选育的梨“绿康早香蜜”、“绿康霞玉”和从浙江大学（原浙江农业大学）引进的“雪青”，已通过重庆市农作物品种审定。2000年，该公司的早晶梨获“渝州牌”、“三峡牌”注册商标。

该公司参加全国优质早熟梨品种鉴评，成绩显著。2001年，5个品种获国优品种（依次排名为1、4、5、8、24），其中“霞玉”和“早香蜜”为该公司育种专家育成。2002年，公司参评的“三峡牌”早晶梨中，又有4个品种评上全国优质早熟梨品种。

公司现已定为重庆市科协科教兴农专家服务团良种示范培训基地、重庆市科教兴农和科技扶贫培训基地、西南农业大学园林学院教学实习基地；2002年被国家林业局评为"全国特色种苗生产基地"。公司已向全国30多个省、市、县推广果树优新品种及相应的高效配套技术，与重庆市的10多个县（市、区）紧密合作，建立研、学、产、销为一体紧密合作。

公司可提供的优新柑橘品种（苗木、接穗）有：温州蜜柑的宫本、山川、大浦、日南1号和山下红等；椪柑的新生系3号、太田椪柑、台湾椪柑和岩溪晚芦；脐橙的纽荷尔、丰脐、清家、卡拉卡拉、福本和林娜；塔罗科血橙新系；北碚447锦橙、江津78-1锦橙和中育7号甜橙；夏橙的奥灵达、蜜奈和德尔塔；杂柑的明尼奥拉橘柚、津之香、不知火、早香、南香、诺瓦、秋辉和默科特等；良种柚的琯溪蜜柚、晚白柚、龙都早香柚、沙田柚和强德勒红心柚等。

地　址：重庆市北碚区歇马镇

邮　编：400712

负责人：冉志林

电　话：023—68242373（办）　023—68241998（宅）

手　机：13008322438

（四）重庆市光陵良种苗木科技发展有限公司

重庆市光陵良种苗木科技发展有限公司，坐落在风景秀丽的北碚区，国家级风景名胜缙云山下。

该公司系全国柚类科研生产协作组良种苗木繁殖基地，优新柑橘品种苗木繁殖基地。1996年获农业部柑橘及苗木质量监督检验测试中心发给的柑橘苗木生产合格证。

该公司生产果苗20多年，规模大，被定为西部育苗基地。生产的苗木品种多，纯正，健壮质优。公司生产的北碚蜜柚，在1998年和1999年连续两次荣获全国柚类评比金杯奖。1999年，在全国柑橘品种结构调整战略研讨会及柑橘名、特、优、新品种展示会上，被评为推荐品种。

该公司抓住西部大开发和我国加入WTO的机遇，在各级政府的关怀和有关科研院所和专家的支持下，从国内外引进优新果树品种，积极为果树品种结构调整和农民致富服务。

该公司可提供无病毒的柑橘品种有:447 锦橙、塔罗科血橙新系、纽荷尔脐橙、丰脐、福本脐橙、卡拉卡拉(红肉)脐橙、太田椪柑、台湾椪柑,岩溪晚芦,大浦特早熟温州蜜柑、山川特早熟温州蜜柑,宫本特早熟温州蜜柑、日南 1 号特早熟温州蜜柑和山下红温州蜜柑*,杂柑类的清见、不知火、天草,尤力克柠檬、强德勒红心柚、龙都早香柚、矮晚柚、北碚蜜柚和光陵香柚等。

此外,还可提供桃的新优品种:脆香桃、油桃系列、水蜜桃系列,金太阳杏,布朗李、芙蓉李和金蜜李,丰水梨、龙泉 1 号梨和黄花梨,七月酥、早美酥,以及樱桃、葡萄、板栗、核桃、猕猴桃和枇杷等果树的优新品种。

*山下红温州蜜柑:系从宫川温州蜜柑中选育出的红色优质芽变新品系。20 世纪 90 年代初,我国将其从日本引进。其品种特征特性为:树势中庸,生长势与宫川温州蜜柑相似。平均单果重 250 克,果皮红色。果汁率为 62.38%,糖酸比值在 13 以上,固酸比值为 18。果肉嫩化渣,酸低味甜,品质优。果实于 10 月底成熟。适应性广,抗逆性强,栽培技术同早熟温州蜜柑。

地　址:重庆市北碚区歇马镇
邮　编:400712
负责人:陈嘉陵
电　话:023—68242225,小灵通:68332509
手　机:13509417708
联系人:张佑莲
电　话:023—68242225
手　机:13983206589
传　真:023—68242225

(五)重庆市无病毒柑橘母本园

重庆市无病毒柑橘母本园,于 1992 年创建于该市北碚区良种场。北碚区良种场位于北碚区蔡家岗镇,有土地面积 22.33 公顷(335 亩),职工 69 人,主要从事种植业和养殖业。

该无病毒柑橘母本园有母本园 0.533 公顷(8 亩)多,采穗圃 0.533 公顷(8 亩)多,苗圃 6.67 公顷(100 多亩)。

该无病毒柑橘母本园可提供的柑橘优新品种有:尤力克柠檬,北碚 447、渝锦橙、中育7号甜橙、铜水72-1锦橙、梨橙、大叶大果、新2号(锦橙)、红1号(锦橙)和合木(锦橙),纽荷尔脐橙、奈维林娜(林娜)脐橙、眉山9号脐橙、福罗斯特脐橙、清家脐橙、白柳脐橙、朋娜脐橙、华盛顿脐橙、福本脐橙、丰脐和卡拉卡拉(红肉)脐橙,塔罗科血橙新系,太田椪柑和新生系3号椪柑,大分、宫本、山川和大浦等特早熟温州蜜柑,早熟温州蜜柑兴津,诺瓦、清见、南香、早香、天香、天草、不知火、濑户佳和胜山伊予柑等杂柑,夏橙的王三伏令夏橙、卡特、康倍尔、阿尔及利亚夏橙(阿夏)、奥灵达、德尔塔和蜜奈等。

地　址:重庆市北碚区蔡家岗
邮　编:400707
负责人:廖庆庚
电　话:023—68277833
手　机:13628361385

(六)重庆市梁平县农牧局园艺站

重庆市梁平县农牧局园艺站,现有职工5人,主要从事以柑橘为主的果树优新品种和新技术的引进、示范与推广。该园艺站为柑橘,尤其是梁平柚的发展做出了重要贡献。

该园艺站现有苗木基地13.33公顷(200余亩),用以繁育名优水果健壮苗木。可提供的柑橘优新品种(苗木、接穗)有:梁平柚和梁平蜜柚(虎蜜柚);北碚447锦橙和太田椪柑等。除柑橘以外,还可提供板栗、核桃、梨、李、枣、柿和枇杷等优新品种苗木。

地　址:重庆市梁平县梁山镇东池街85号
邮　编:405200
负责人兼联系人:吴兴文
电　话:023—53230496
手　机:13008378839

(七)重庆市垫江县果品蔬菜技术服务中心

该果品蔬菜技术服务中心,是重庆市垫江县农业局的下属单位。它的任务是为县的果品蔬菜发展,引进新品种和新技术,进行示范推广,为果蔬产业结构调整、生产发展和农民致富服务。

该中心可提供的柑橘品种(苗木、接穗)有:垫江白柚和琯溪蜜柚,塔罗科血橙以及脐橙的丰脐、朋娜脐橙和纽荷尔脐橙等。

地　址:重庆市垫江县桂溪镇工农路574号
邮　编:408300
负责人:方廷佑
电　话:023—74512821
手　机:13609475715
联系人:谢明权
电　话:023—74512821
手　机:13983633290

(八)重庆市长寿区新市镇五里坝苗场

五里坝苗场创建于1983年,有员工20人,繁育苗木的基地1.34公顷(20余亩),主要繁育柑橘的优新品种。

该苗场可提供的优新柑橘品种(苗木、接穗)有:脐橙的丰脐、华红和卡拉卡拉(红肉)脐橙等,夏橙的蜜奈、奥灵达、卡特和红夏橙等,椪柑新生系3号,以及长寿沙田柚等。除柑橘以外,还可提供梨、桃、杏、枣、柿等果树的优新品种。

地　址:重庆长寿区新市镇五里坝六组
邮　编:401233
负责人:付勇彬
联系人:付勇彬、付勇军
电　话:023—40390291
手　机:13983120578

(九)四川省果树良种繁殖站

四川省果树良种繁殖站,创建于1975年,地处四川成都崇州市,全站职工40人,其中技术人员12人(具高级职称2人,中级职称4人)。从事果树良种的试验、示范和推广工作。建站20多年来,为四川省的果树业发展做出了积极的贡献。

该果树良种繁殖站可提供的柑橘品种(苗木、接穗)有:无病毒的新世纪脐橙*,锦橙优系,台湾椪柑、巨星椪柑、岩溪晚芦,特早熟温州蜜柑的山川和日南1号,杂柑的不知火,清见和玫瑰香柑,良种柚的通贤柚、漳州柚、凤凰柚以及尤力克柠檬等。

*新世纪脐橙:系白柳脐橙的芽变,2002年通过四川省农作物品种审定委员会审定。该品种的主要特征,是高糖,其可溶性固形物含量可高达13%~15%。肉质细嫩,化渣,品质优良。果实耐贮藏。

地　址:四川成都崇州市早觉街120号

邮　编:611230

负责人:龙德平

电　话:028—82269888

手　机:13708237199

联系人:乔立新

电　话:028—82269855

手　机:13708237380

(十)四川省眉山巨星农业产业化有限责任公司

四川省眉山巨星农业产业化有限责任公司,地处眉山市东坡区东坡镇诗书路。该公司建立以来,依靠科技,重视柑橘优新品种引进和新技术推广,为农业产业化、柑橘品种结构调整和农民致富奔小康服务。

公司推出的巨星椪柑具果大质优的特点。平均单果重200克,最大的可达400克。2001年1月和2002年2月,巨星椪柑连续两年被农业部柑橘及苗木质量监督检验测试中心测定为符合优质水果标准,并授予证书。

公司除可提供上述巨星椪柑的苗木和接穗外,还可供应天草、不知火、塔罗科血橙新系和纽荷尔脐橙,以及太田椪柑等品种的苗木和接穗。

地　址:四川省眉山市东坡区东坡镇诗书路

邮　编:620030

负责人:詹厚华

电　话:0833—8293571

手　机：13508070971

（十一）四川省青神县农业局台湾椪柑母本园

青神县台湾椪柑母本园，地处四川省青神县。负责人王彬全先生，多年从事柑橘生产，对技术刻苦钻研，对引入的台湾椪柑不断选优，从中选出了果大（2～3个/500克）、高桩、少核（3～5粒）、果肉橙红，果实于12月底至次年1月上旬成熟的优质台湾椪柑，和果实于10月份成熟、单果重300～350克、最大果重达500克的特大早熟台湾椪柑。

台湾椪柑和特大早熟台湾椪柑，经农业部柑橘及苗木质量监督检验测试中心分别于2001年和2002年检验，均被评审为品质优良。

该母本园提供的台湾椪柑，品种优良、纯正，苗木健壮。

地　址：四川省青神县农业局

邮　编：620460

负责人：王彬全

电　话：0833—8853190

手　机：13909033993

（十二）四川省金堂县金堂绿岛果场

金堂绿岛果场，地处风景秀丽的金堂绿岛，由场长刘继品选育的芙蓉特早熟柚与玫瑰香柑，富有特色。

芙蓉特早熟柚，系绿岛果场选育出的良种柚。果实梨形，外形美观。果实大，单果重1 500克，最大的达2 500克。果肉乳白色，果汁多，肉质细嫩化渣，甜酸适度，风味浓，品质特佳。果实于8月下旬至9月初成熟。2001年获全国柚类评比金杯奖。

玫瑰香柑，系甜橙与温州蜜柑的杂交种。品质优良，果实于12月下旬成熟，留树贮果可至次年3月中下旬。

芙容特早熟柚和玫瑰香柑是目前柑橘品种结构调整中可供选择的早、晚熟品种。

绿岛果场可提供上述两个品种的苗木和接穗。

地　址：四川省金堂县金堂绿岛果场

邮 编：610400

负责人兼联系人：刘继品

电 话：028—84939800

手 机：13688143859

（十三）四川省资阳市雁江区碑记镇果树站

四川省资阳市雁江区碑记镇果树站（原资阳县大佛果树技术服务站）创建于1984年，主要从事柑橘果树苗木、接穗、砧木、种子和果品的生产、经营、示范和科技推广工作。

碑记镇（原大佛乡），是中国农业科学院柑橘研究所柑橘矮（化）、密（植）、早（结）、丰（产）基地，早熟温州蜜柑基地和柑橘早、中、晚熟优良品种项目示范基地。它不仅为四川，乃至西南地区柑橘早结、丰产、优质栽培、品种结构调整和当地农民致富，做出了贡献。目前，全镇柑橘已发展到866.67公顷（1.3万亩），300万株，产量0.2万吨以上，产值2 000多万元，人均柑橘收入600多元。

该果树站目前可提供以下柑橘优新品种，为柑橘结构调优和发展服务：特早熟温州蜜柑的日南1号、大浦、桥本、宫本和山川等，杂柑的不知火、清见和天草等，椪柑的新生系3号椪柑和岩溪晚芦（椪柑）等，脐橙的纽荷尔脐橙、清家脐橙、大三岛脐橙、卡拉卡拉（红肉）脐橙和福本脐橙等品种的苗木与接穗。

此外，还可提供枳、资阳香橙等的砧木种子和砧木。

地 址：四川省资阳市雁江区碑记镇大佛果技站

邮 编：641307

负责人：杨 明

电 话：0832—6348188（宅），0832—6348086（办）

手 机：13982961851

（十四）四川省资中县配龙镇果技协会

资中县配龙镇果技协会，成立于1999年，主要从事柑橘优新品种引进、筛选、推广和新技术的示范、推广。

该果技协会可提供的优新柑橘品种(苗木、接穗)有:塔罗科血橙新系、岩溪晚芦、特早熟温州蜜柑日南1号和杂柑不知火等。

地　址:四川省资中县配龙镇三树林场

邮　编:641210

负责人兼联系人:彭　林

手　机:13990594883

(十五)四川省邻水县柑橘公司

四川省邻水县柑橘公司,建立于1984年,是集生产、技术服务、良种繁育、果品贮藏加工、果品及果树生产物资营销与科研为一体的柑橘产业化集团公司,四川省农业产业化经营重点龙头企业。

该公司大力实施优质柑橘产业化示范工程,拥有柑橘生产基地186.67公顷(2 800亩),苗木繁育基地6.67公顷(100亩),柑橘产后商品化处理生产线一条,并建有面积800平方米的水果批发市场,申报注册了"潾山"牌柑橘品牌。选送的果品多次获国家、省的"优质果品"称号。特别是在1995年第二届中国农业博览会上,邻水脐橙获三个金奖,两个银奖,并在1999年、2001年获得中国国际农业博览会名牌产品认证。公司参加的科研项目"哈姆林甜橙的引种及推广"获农业部科技进步二等奖和国家科技进步三等奖;科研项目"柑橘早中晚熟优良品种配套",获农业部科技进步二等奖;科研项目"中育7号甜橙的育成与应用",获农业部科技进步一等奖和国家技术发明三等奖。

该公司在优质柑橘产业化建设中,积极与农户联合培育优质柑橘苗木,先后从中国农业科学院柑橘研究所、四川省农业厅经作处果繁站,引进优新柑橘品种数十个,实行统一砧木、统一接穗、统一技术、统一出圃、分户管理的育苗措施,苗木长势良好,无检疫性病虫害,年出圃优新柑橘合格苗200万株以上,为全县柑橘产业发展做出了贡献。

该公司可提供的柑橘优新品种(苗木、接穗)有:纽荷尔脐橙、朋娜脐橙、林娜脐橙、清家脐橙、白柳脐橙和大三岛脐橙,以及杂柑的清见、不知火和明尼奥拉橘柚等。

地　址:四川省邻水县鼎屏镇连新路12号

邮　编:638500

负责人：秦光成

电　话：0826—3222762

手　机：13908287660

联系人：杨金海

电　话：0826—3222253

手　机：13508280395

（十六）中国农业科学院果树研究所南充科技示范基地

南充科技示范基地，建立于1999年，地处蓬安县河舒镇小桥村高新农业示范区。现有员工36人，主要从事以柑橘果树为主的新品种引进、筛选，新技术示范、推广工作，为农民发展果业和致富奔小康服务。

该基地有土地26.67公顷（400多亩），以经营柑橘果树为主，还从事桃、梨、李等果树的示范推广工作。

该基地可提供的柑橘品种（苗木、接穗）有：天草、南香、不知火和无核砂糖橘*等。此外，还可供应桃、梨、李等果树优新品种的苗木和接穗。

* 无核砂糖橘：无核，糖含量高，品质优。

地　址：四川省蓬安县2001信箱

邮　编：637800

负责人：张平发

电　话：0871—8973503

手　机：13508086299

联系人：黄洪友

电　话：0817（126）呼8082293

（十七）浙江省象山县林业特产服务中心

象山县林业特产服务中心，是浙江省专门从事柑橘等水果良种、花卉林木种苗的引种、繁育及推广的服务机构。其技术力量雄厚，现有高级职称技术人员4人，中级职称技术人员8人。

该中心自20世纪90年代以来，先后从日本、美国、以色列等国引进、选育出象山红、天草、不知火、南香、早香、阳香、津之香、濑户佳(香)、胜山伊予柑,特早熟温州蜜柑日南1号,福本脐橙、奈佛林娜脐橙等优新柑橘品种60多个。其中许多品种已被多家科研机构、育苗单位所引种和推广。该中心现已建有柑橘等水果良种母本园10公顷,良种示范园、采穗圃86.67公顷(1300亩),育苗基地13.33公顷(200多亩),每年可提供各种名优柑橘品种苗木200万株以上。该中心是国内拥有杂柑品种最多的基地。

地　址:浙江省象山县丹城莱薰路15号

邮　编:315700

负责人:钱皆兵

电　话:0574—65716147

手　机:13065870200

联系人:杨荣曦

电　话:0574—65712344

(十八)浙江省台州市黄岩区北洋名优水果苗木基地

浙江省台州市黄岩区北洋名优水果苗木基地,地处黄岩区北洋镇前蒋村,有市工商局发的营业执照和省林业局发的种子、苗木生产证、营业证及关键岗位上岗资格证的专业名优水果苗场。

建场16年来,在各级政府、农业科研院(所)的支持和园艺专家的帮助下,每年从国内外引进名优果树品种,并进行品种比较和适应性试验,不断推出新优品种为果业结构调整和农民致富服务。每年培育优质健壮的柑橘、杨梅、板栗等苗木数百万株。

该基地(场)可提供苗木和接穗的柑橘品种有:橘橙类的不知火和天草,特早熟温州蜜柑的日南1号和崎久保等,以及本地早和椪橘等。还可提供东魁杨梅、毛板红板栗和果桑等。

地　址:浙江省台州市黄岩区北洋镇前蒋村

邮　编:318024

负责人:蒋金忠

电　话:0576—4985070

手　机：13586012278

（十九）浙江省金华市金科植保园艺有限公司

金科植保园艺有限公司，是由金华市果业协会、金华市农科所科技人员共同投资创办的科技型果业公司。公司经营水果苗木、花卉苗木，园艺工具、农药、农膜及果品等，为果农提供产前、产中、产后服务。

该公司可提供的柑橘优新品种（接穗、苗木）有：杂柑的天草，特早熟温州蜜柑的市文、日南1号和崎久保，早熟温州蜜柑宫川，椪柑和甜橘柚等。除柑橘外，还可提供红高、魁可、翠峰、美人指、红地球、藤稔、高妻等葡萄苗，翠冠、清香、绿宝石等早熟梨苗，红美丽、皇家宝石、紫琥珀、秋姬、西梅等李苗，大白桃、早红蜜、美国蟠桃、早红宝石等桃苗，以及东魁杨梅、大五星枇杷、日本甜柿和无花果等苗木。

地　址：浙江省金华市汽车东站进口处旁
邮　编：321017
负责人：王新华、王雪春
电　话：0579—2373662（办），0579—2380861（宅）
手　机：13605791328

（二十）中国农业科学院柑橘研究所湘西优质柑橘生产基地

中国农业科学院柑橘研究所湘西优质柑橘生产基地，始建于2002年，挂牌在湖南省湘西州凤凰县绿力果业有限责任公司。绿力公司是在州委、州政府、县委、县政府和各局、委、办关怀和支持下建立的民营科技型企业。公司充分利用州、县的气候优势和柑橘产业优势，依靠科学技术，瞄准市场，服务“三农”，发展公司为思路，抓住西部大开发、我国加入世贸组织的良好机遇，依靠国家柑橘研究所及省内外高等院校、科研院所的人才、成果、技术和品种优势，努力建设好湘西优质柑橘生产基地。

该基地建立时间虽然不长，但现已建起了柑橘优新品种示范园和苗木繁殖基地，可以为县、州、省，乃至周边省（市）柑橘产业结构调整、品种优化服务。

该基地可提供的柑橘品种(接穗、苗木)有:杂柑类的天草、不知火、濑户佳(香)、南香、天香、津之香、清见、胜山伊予柑、橘橙7号和早香,特早熟温州蜜柑的宫本、山川、大浦、日南1号和大分,太田椪柑、岩溪晚芦、无核椪柑和台湾椪柑,奥灵达夏橙、德尔塔夏橙和蜜奈夏橙,清家脐橙,纽荷尔脐橙、卡拉卡拉(红肉)脐橙、丰脐和福本脐橙,北碚447锦橙、渝津橙(78-1)、梨橙和铜水72-1锦橙,少核(无核)雪柑,塔罗科血橙新系,矮晚柚、琯溪蜜柚和龙都早香柚,以及尤力克柠檬和佛手等。

地　址:湖南省凤凰县沱江镇

邮　编:416200

负责人:田志强董事长,石玉高总经理

电　话:0743—3502579

手　机:13907436990,13517436773

(二十一)湖南省石门县明星名优林果种苗繁育中心

石门县明星名优林果种苗繁育中心,是一家专门生产、推广、示范名贵果树品种及绿化苗木的单位。其宗旨是为农民奔小康提供名优果树苗木,以诚服人,共同发展。该中心建有各种名贵果树母本园、示范园33.33公顷(500余亩),育苗基地8公顷。中心成立以来,已为本县及周边地区名优果树结构调整和发展,做出了积极贡献。

该中心可提供的名贵果树品种(苗木、接穗)有:特早熟温州蜜柑的宫本和市文,脐橙类的纽荷尔脐橙、长红脐橙和卡拉卡拉(红肉)脐橙等,柚类的矮晚柚、琯溪蜜柚和少核沙田柚等。除柑橘以外,还可供应薄壳核桃、梨枣、红心型猕猴桃和金秋梨等果树苗木。

地　址:湖南省石门县楚江镇西溶路15号(县种子公司斜对面)

邮　编:415300

负责人:叶文明

电　话:0736—5332288

手　机:13973636599

联系人:项章义

电　话：0736—5331280

(二十二)湖南省新宁县崀山牌精品脐橙苗木推广中心

崀山牌精品脐橙苗木推广中心，地处湖南新宁县金石镇金水路，是以繁育推广崀山牌脐橙苗木为主的单位。

该中心提供的崀山红脐橙，果大美观，果色橙红，肉质甜脆香，糖含量高，品质佳美。

该中心可提供的优新柑橘品种(种苗、接穗)有：崀山红脐橙、红肉(卡拉卡拉)脐橙和纽荷尔脐橙等。

地　址：湖南省新宁县金石镇金水路

邮　编：422700

负责人：陈六明

联系人：何爱秀

电　话：0739—4815182

手　机：13973995332，13874279036

(二十三)湖南省新田县湘渝果业有限公司

湘渝果业有限公司，建在湖南新田县，其主要任务是研究推广柑橘及其他果树的新品种、新技术，为果业结构调整、持续发展和农民致富服务。

该有限公司可提供的优新柑橘品种(苗木、接穗)有：天草、不知火、清见、诺瓦、天香、南香、阳香、濑户佳(香)、春见、西之香、早香、津之香和朱见等杂柑，日南1号、上野早生、大分早生和丰福等特早熟温州蜜柑，福本脐橙、晚棱脐橙和卡拉卡拉(红肉)等脐橙，塔罗科血橙新系，台湾85-1椪柑和岩溪晚芦，铜水72-1锦橙，奥灵达夏橙，矮晚柚和琯溪蜜柚(脱毒)等，以及尤力克柠檬。

地　址：湖南省新田县总工会二楼

邮　编：425700

负责人兼联系人：胡明才

电　话：0746—4713888

手　机：13874696406

（二十四）湖南省洪江市龙田正旺苗圃场

正旺苗圃场，建于1998年，地处洪江市龙田乡高阳村。该场供应的特早熟蜜柚，引自广西，系沙田柚与琯溪蜜柚的杂交优系。具早熟（农历中秋成熟）、果大（最大的有5千克）味甜的特点，故又名特早熟巨型中秋蜜柚。2001年，该柚获湖南省第三届农博会银奖。

正旺苗圃场除提供特早熟蜜柚（苗木、接穗）外，还可供应无核椪柑、冰糖橙等柑橘的苗木和接穗。

地　址：湖南省洪江市龙田乡高阳村

邮　编：418100

负责人：禹岳军

电　话：0745—7211889（宅）

手　机：13907454018

联系人：贺承石

电　话：0745—7268510（宅）

手　机：13874400335

（二十五）湖南省麻阳苗族自治县金卉种苗场

金卉种苗场，地处麻阳苗族自治县江口镇，是以繁殖麻阳冰糖橙为主的苗圃场。麻阳冰糖橙树势中等，果实近圆形，果实色泽金黄或橙红色，单果重200克左右。肉质细脆化渣，糖含量极高，具香气，品质佳，丰产稳产。

金卉种苗场可提供的柑橘优新品种（种苗、接穗）有：麻阳冰糖橙、大红甜橙、脐橙、南丰蜜橘和琯溪蜜柚等。除柑橘以外，还可提供枇杷、杨梅、柿、桃、李、杏、猕猴桃、核桃等优新品种。也有酸柚、毛桃、杜梨和酸枣等果树的砧木种子（苗）供应。

地　址：湖南省麻阳苗族自治县江口镇中街

邮　编：419407

负责人兼联系人：赵晓长

电　话：0745—5740428

手　机：13874513188

（二十六）湖南省隆回县稀优果树推广所

隆回县稀优果树推广所，成立于2000年9月。可提供柑橘、杨梅、枇杷、桃、李、梨、枣、柿、葡萄、石榴、猕猴桃、无花果、杏和梅等多种果树的苗木和接穗。可供应的主要柑橘有：台湾早熟无核椪柑——辐28号（9月底成熟，单果重120克，品质好）、台湾特早熟温州蜜柑——松井（8月底成熟，单果重160克左右，丰产，综合性状好）、天皇蜜柚（果实卵形，果皮金黄，果肉白色，无核，10月初果实成熟，质优、丰产）、南香橘橙和玫瑰香柑，以及观赏、鲜食兼宜的盆栽矮化蜜橘——139橘（特早熟蜜橘，平均单果重140克，9月中旬完熟，品质好，丰产）。

推广所负责人、营林工程师承诺，品种纯正，无检疫性病虫害。

地　址：湖南省隆回县桃花新村县政府办宿舍312室

邮　编：422200

负责人：曾文平

手　机：13973913901

联系人：曾艳飞（隆回县林业局）

手　机：13973973988

传　真：0739—8232976

（二十七）湖南省洞口县竹市种苗推广部苗圃

湖南省洞口县竹市种苗推广部苗圃，系股份制企业，地处320国道湖南省洞口县竹市收费站东150米处。现有苗圃基地两处，计6.67公顷（100多亩），每年繁殖果树、药材、林木绿化种子100吨以上，大小苗木千万株之多。

可提供的柑橘优新品种（苗木、接穗）有：特早熟温州蜜柑宫本、市文等，无核椪柑，杂柑类的清见、天草和诺瓦，红肉脐橙、福本脐橙和纽荷尔脐橙，琯溪蜜柚和佛手等，并可供应枳种。

除柑橘以外，还可供应特早大果金寨李、黑石榴和黑油桃等果树的几十个优新品种。

地　址（推广部）：湖南省洞口县竹市镇东正街2号

邮　编：422304
负责人兼联系人：林庆庚
电　话：0739—7270396
手　机：13973998505，13187172531
传　真：0739—7270396
E-mail：qintlin @ Sohu.com

（二十八）湖北省当阳市科恩果业公司

科恩果业公司位于湖北省当阳市长坂坡西北1.5千米处，与关陵庙相望。是湖北省农业产业化重点龙头企业，兼有农业科研、技术推广、市场开发服务等综合职能，属自负盈亏性质的技术经济服务实体。

该公司1992年成立以来，在农业社会化服务的实践中，大胆创新，成功地摸索出"公司+基地+农户+市场"的产业化经营服务模式。十多年来，承担实施了省、地、市级20余项科研攻关项目及课题，共引进各类水果品种150多个，先后推广了金水梨、金水柑、无籽西瓜等瓜果面积1.667万公顷（25万多亩），年技术承包服务面积近0.2667万公顷（4万亩），年创产值120多万元，带动网络市内近万个农户每年户平均增收500元以上。

目前，公司发展拥有固定资产400多万元，流动资金20多万元，果树试验示范基地23.33公顷（350亩），规范化的办公、培训、加工等建筑面积2 000多平方米，日产50吨的柑橘打蜡包装线一条。公司下设有：果树园艺场、柑橘分级打蜡厂、营销部、技术科等。现有员工21人，并网络全市特产干部76人，其中大专以上文化程度的34人，具有中、高级职称的46人。

该公司引进开发的金水柑、金水梨和无籽西瓜等主导品种，多次荣获湖北省"星火"奖和"优质水果"称号，其中金水柑被省农业厅授予"特色果品"，2003年1月在第七届全国（上海）名特优果品展销会上被评为全国优质水果，获"中华名果"称号，其果品远销北京、西安、上海、香港等地，并批量出口到俄罗斯。公司被湖北省有关部门评为"特产系统先进单位"、"林业基层文明单位"和"消费者满意单位"。

该公司可提供的名优柑橘品种有：金水柑、台湾椪柑、无核椪柑和矮晚柚等。

地　址：湖北省当阳市关陵路62号
邮　编：444100
负责人：罗胜利
电　话：0717—3223388
手　机：13872554388
联系人：黄先彪
电　话：0717—3223388
手　机：13508609712

(二十九)湖北省松滋市兴桃苗圃场

兴桃苗圃场地处湖北省松滋市马峪河林场跑马溪分场,该场是以繁殖黔阳无核椪柑(接穗从黔阳引进)* 为主的柑橘苗圃场。

兴桃苗圃场可提供的优新柑橘品种有:黔阳无核椪柑,特早熟温州蜜柑宫本和大浦,早熟温州蜜柑兴津等。

*黔阳无核椪柑:无核,且无核性状稳定。单果重112~258克,果型有高桩与扁圆两种。果肉香、脆、甜,品质极优。早结丰产,耐寒性强,适应性广,果实于11月下旬成熟,耐贮藏。黔阳无核椪柑,1998年通过湖南省农作物品种审定委员会审定,1999年经农业部柑橘及苗木质量监督检验测试中心检测评审,认定其品质极优,并对其颁发了《优质果品证书》及《主栽品种品质合格证书》。1999年12月,在全国柑橘品种结构调整战略研讨会暨名特优新品种展示会上,被评为柑橘品种结构调整推荐品种,现已列为国家重点星火计划推广项目。

地　址：湖北省松滋市马峪河林场跑马溪分场三组
邮　编：434209
负责人：汤远鼎
联系人：汤远鼎、周兴桃
电　话：0716—6792297
手　机：13872227695

(三十)广西壮族自治区桂林市灌阳县良种开发有限公司

灌阳县良种开发有限公司,为县农业局直属国有种苗企业,是一个集科研、生产、推广和销售为一体的种苗公司。多年来与国内30多个农业科研单位和农业院校合作开发,共引进、试验、开发名特优果树新品种150余个,建立精品果树示范园、母本园20公顷,苗木基地13.33公顷(200余亩)。每年可供应优质果树嫁接苗250万株,砧木实生苗600万株,砧木种子2万千克,为各地建立优新品种果园服务。

公司可提供苗木和接穗的柑橘品种有:南丰蜜橘,特早熟、早熟和中熟的温州蜜柑,砂糖橘、椪柑,冰糖橙、夏橙、纽荷尔脐橙,沙田柚、香柚、琯溪蜜柚和佛手等。可提供的柑橘砧苗和种子有:枳、酸橘和酸柚。

此外,公司还可供应梨、枣、李、桃、油桃、板栗、葡萄、石榴、罗汉果、枇杷、猕猴桃、银杏等果树的优新品种苗木。

地　址:广西桂林市灌阳县城关一小斜对面(灌阳高中隔壁)

邮　编:451600

联系人:胡伟(公司董事长、总经理、农艺师)

电　话:0773—4212506(办)

传　真:0773—4213008

苗圃基地电话:0773—4213013

手　机:13907734025

传　呼:0773—127—1998810

(三十一)广西壮族自治区来宾县桂蜀高新果业有限责任公司

来宾县桂蜀高新果业有限责任公司,可供的优新柑橘品种(苗木、接穗)有:福本脐橙、晚棱脐橙和卡拉卡拉(红肉)脐橙等,塔罗科血橙新系,天草、不知火、清见、诺瓦、天香、南香、阳香、濑户佳(香)、春见、西之香、早香、津之香和朱见等杂柑,台湾85-1椪柑和岩溪晚芦等椪柑,日南1号、上野早生、大分早生和丰福等特早熟温州蜜柑,铜水72-1无核锦橙,奥灵达夏橙,矮晚柚和琯溪蜜柚,以及尤力克柠檬等。此外,还可少量提供爱媛14号、爱媛17号、爱媛21号、爱媛22号、口之津23号、口之津32号、春香、美姬等杂柑品种的苗木和接穗。

地　址:广西来宾县邮政局内

邮　编：546100

负责人：刘学元

联系人：张逸鹏

电　话：0772—4225600

手　机：13977247369

(三十二)福建省连城县名优果树良种研究开发中心

福建省龙岩市连城县名优果树良种研究开发中心，是龙岩市农业局确认并授牌的市级果树良种采穗圃，1996年成立以来，先后从各科研院所引进125个名优果树优新品种进行试种，筛选了一批适栽品种。

该中心可提供的优新柑橘品种（苗木、接穗）有：杂柑类的默科特、天草、南香、天香、不知火、津之香、早香、清见、清峰、明尼奥拉、朱见、春见、阳香、濑户佳、佐腾香、诺瓦、大谷伊予柑、晚蜜2号、橘橙1号、红玉柑、彭祖寿柑、潭田橘柚、秋辉、琥珀甜橙、肥之曙和麻坡橘柚等，温州蜜柑的大浦、日南1号、岩崎早生、大津4号、宫本、胁山、市文、山川、稻叶、山下红、上野早生、崎久保、扇温州、大分早生、丰福和青岛等，椪柑的新生系3号和太田，南丰蜜橘的大果型南丰蜜橘、杨小6-2和杨小8-2，本地早。脐橙的福本、卡拉卡拉、华红、奈维林娜、清家、丰脐和梦脐*等，夏橙的奥灵达、江安35号和红肉夏橙，血橙的塔罗科血橙新系、摩洛、桑吉耐洛和脐血橙等，中育7号甜橙。柚类的强德勒红心柚、晚白柚、龙都早香柚、泰国蜜柚和胡柚，葡萄柚的红马叙和星路比等。柠檬的尤力克，以及金叶橙和金佛手等。除柑橘以外，还可提供油桃、葡萄、李等果树的优新品种的苗木和接穗。

*梦　脐：系早熟高糖脐橙，果色深橙红，可溶性固形物含量为14%左右。果实于10月中下旬成熟。

地　址：福建省连城县城关江坊路85号

邮　编：366200

负责人：蔡　杰

电　话：0597—8920847(宅)　0597—8928609(基地)

手　机：13507520476

(三十三)贵州省晴隆县柑橘场

贵州省晴隆县柑橘场,建于1976年。现有职工146人,其中技术人员22人。设有学官、犀牛等6个分场,拥有土地200公顷,参与管理的柑橘526.67公顷(7 900多亩)。

该柑橘场建立以来,在省、州、县各级政府(部门)的关心支持下,依靠科学技术,与科研院所、农业大专院校合作,在推广柑橘优新品种、新的实用技术,建立优质脐橙基地,培育良种壮苗等方面做了大量工作,取得了可喜的成绩,为晴隆县,乃至周边县(市)柑橘生产的持续发展和农民增收,做出了重要贡献。2003年列入全国农垦无公害农产品(脐橙、夏橙)示范基地农场创建单位。

该场苗木中心有育苗基地6.67公顷(100多亩),从中国农业科学院柑橘研究所等单位引进繁育,现在可提供的柑橘优新品种(苗木、接穗)有:脐橙的清家、丰脐、林娜和大三岛等,夏橙的伏令夏橙、康倍尔和奥灵达,椪柑的太田和新生系3号等,以及中育7号甜橙和塔罗科血橙等。

地　址:贵州省黔西南州晴隆县鸡场镇

邮　编:561407

负责人:朱荣根

电　话:0859—7920033

手　机:13985995348

联系人:易洪芳

电　话:0859—7610974;0859—7920007

主要参考文献

1 沈兆敏等．中国柑橘区划与柑橘良种．北京:中国农业科技出版社,1988

2 沈兆敏等．中国柑橘技术大全．四川科学技术出版社,1992

3 陈竹生等．中国柑橘良种彩色图谱．四川科学技术出版社,1993

4 周育彬．柑橘良种选育与繁殖技术．金盾出版社,1996

5 中国农业科学院柑橘研究所．中国柑橘,1990~1995

6 中国农业科学院柑橘研究所．中国南方果树,1996~2002

7 中国农业科学院柑橘研究所．柑橘与亚热带果树信息,1998~2002

8 全国柑橘项目技术小组办公室．柑橘良种及配套技术资料汇编,2000